Francis Home

Les Principes de l'agriculture et de la Vegetation

Francis Home

Les Principes de l'agriculture et de la Vegetation

ISBN/EAN: 9783337377120

Printed in Europe, USA, Canada, Australia, Japan

Cover: Foto ©berggeist007 / pixelio.de

More available books at **www.hansebooks.com**

LES
PRINCIPES
DE
L'AGRICULTURE
ET DE
LA VEGETATION.

Ouvrage traduit de l'Anglois de M. François Home, *Docteur en Médecine, & l'un des Membres du Collége des Médecins d'Edimbourg, auquel on a joint deux Mémoires nouveaux sur la maniere de préserver le Froment de la corruption & de le conserver.*

A PARIS,
Chez Prault pere, Quai de Gévres.

M. D. C. C. L X I.
Avec Approbation & Privilege du Roi.

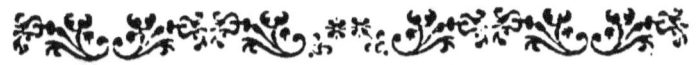

PRÉFACE.

LA Société d'Edimbourg, établie en 1755 pour la perfection des Manufactures & des Arts, proposant une médaille d'or pour la meilleure Dissertation sur les Principes de la Végétation & de l'Agriculture, M. Home, dans le dessein de contribuer à remplir des vûes si utiles, crut devoir se mettre au nombre des concurrens. Ce fut à cette occasion qu'il composa l'Ouvrage qu'on donne ici au Public, traduit en notre langue, & qui lui mérita les suffrages de la Compagnie sçavante à laquelle il fut présenté.

L'Auteur s'y propose de découvrir & de fixer, par la Chymie, les vrais Principes de la Végétation, & d'appliquer à la perfection de l'Agriculture cette science, qu'on avoit regardée jusqu'ici comme lui étant étrangere, quoiqu'elle ait avec elle une liaison si étroite. C'est par elle qu'il entreprend de faire connoitre la nature & les qualités des divers sols & amendemens, la nourriture des végétaux, & la maniere la plus sûre de la leur procurer.

Il a cet avantage, que dans fa Differtation, tout porte fur le fondement des faits : ce n'eft qu'à la lumiere de ce flambeau qu'il marche dans la route qu'il s'eft ouverte. Par fes ingénieufe expériences & fa judicieufe phyfique, il réduit l'Agriculture à un art fyftématique & régulier, & il en donne une théorie lumineufe, folidement raifonnée & féconde en conféquences utiles par la pratique.

On ne doit point oublier de faire remarquer ici que quand l'Auteur compofa cet Écrit, il n'avoit aucune connoiffance des trois volumes d'expériences publiés par M. du Hamel fur le fyftême de Tull. Il déclare qu'il ne les a lus qu'après, mais que cette lecture lui en a donné la plus haute idée, & qu'il les regarde comme des modeles excellens dans ce genre. Cette obfervation eft une juftice qu'on devoit également à l'Auteur de cette Differtation, & au fçavant & laborieux Académicien fi digne de la reconnoiffance de fa Patrie qu'il honore, & du genre humain qu'il éclaire.

TABLE.

DES Principes de l'Agriculture & de la Végétation.

PREMIERE PARTIE.

Ire. SECTION. Causes de la lenteur des progrès de l'Agriculture : Sa liaison avec la Chymie : Division de l'Ouvrage. Page. 1.
SECTION II. Des divers sols. 7.
SECTION III. De la bonne terre noire. 9.
SECTION IV. De la terre argilleuse ou glaiseuse. 14.
SECTION V. De la terre sablonneuse. 18.
SECTION VI. De la terre crayeuse. 23.
SECTION VII. Du Tuf. 24.
SECTION VIII. De la tourbe ou terre des marais & fondrieres. 27.

SECONDE PARTIE.

SECTION I. Des moyens que la nature employe pour fournir aux plantes la nourriture végétale. 29.
SECTION II. Des engrais ou moyens que l'Art employé pour fournir à la terre des nourritures végétales. 36.
SECTION III. De la Marne. 37.
SECTION IV. Des corps calcaires non brûlés, & de la chaux vive. 47.
SECTION V. Des végétaux tant dans l'état naturel que dans un état de putréfaction, & des tas de fumier. 51.

SECTION VI. *Des engrais tirés des végétaux brûlés.* 65.

SECTION VII. *Des engrais tirés des substances animales.* 67.

TROISIEME PARTIE.

SECTION I. *Effets de différentes substances par rapport à la végétation.* 70.

SECTION II. *De la nourriture des végétaux.* 89.

QUATRIEME PARTIE.

SECTION I. *De la nécessité d'ouvrir & de pulvériser la terre.* 114.

SECTION II. *Effets de l'atmosphere.* 116.

SECTION III. *Du changement des especes.* 118.

SECTION IV. *Des labours.* 120.

SECTION V. *Des amandemens.* 123.

SECTION VI. *De la végétation.* 128.

CINQUIEME PARTIE.

SECTION I. *Des mauvaises herbes.* 136.

SECTION II. *Des terreins humides.* 139.

SECTION III. *Des pluyes.* 141.

SECTION IV. *Des défauts des semences.* 142.

SECTION V. *Maladies des plantes.* 144.

SECTION VI. *Plan pour la perfection de l'Agriculture.* 150.

Les deux Mémoires qui suivent ont été imprimés, par ordre du Ministere, à l'imprimerie Royale, & envoyés dans toutes les Generalités du Royaume, en 1759 & 1760.

Mémoire sur la maniere de préserver le Froment de la corruption & de le conserver, 156.

Mémoire pour servir à indiquer le Plan qui a été suivi pour parvenir à connoitre ce qui produit le bled noir dans les bleds ; & à connoitre les remedes propres à détruire cette corruption. 159.

LES PRINCIPES
DE
L'AGRICULTURE
ET
DE LA VEGETATION.

PREMIERE PARTIE.
SECTION PREMIERE.

Causes de la lenteur des progrès de l'Agriculture : Sa liaison avec la Chymie : Division de l'Ouvrage.

L'AGRICULTURE, quoique le plus nécessaire de tous les Arts, a peut-être été jusqu'ici le plus négligé. Tous les autres ont reçu de nouveaux dégrés de perfection dans le siecle précédent & dans le nôtre ; mais on n'en sçauroit dire autant de l'Agriculture. Il paroît au contraire, qu'on ne l'entend gueres mieux actuellement dans l'Europe, que du tems des Anciens ; & je fuis perfuadé que Virgile & Columelle peuvent encore être regardés comme les deux meilleurs Auteurs qui aient écrit fur cette matiere.

D'où peut venir cette lenteur des progrès de l'Agriculture ? Eft ce, comme l'ont penfé quelques Anciens, que la terre, cette mere commune des végétaux, affoiblie par l'âge & épuifée de tant productions, a perdu fa premiere fertilité ? ou qu'il eft impoffible de faire de la culture des terres un art régulier, & que fes effets dépendent plus du hazard que de principes fixes ? On ne peut dire ni l'un ni l'autre. L'expérience prouve tous les jours le contraire ; la terre, même après avoir été épuifée, parvient encore, quand on fçait la gouverner comme il faut, à un haut dégré de fertilité ; & la régularité avec laquelle on procede dans l'Agriculture eft une preuve qu'elle eft déjà, en quelque forte, réduite en art.

Il y a d'autres raifons moins recherchées & plus fenfibles de la lenteur de fes progrès. Cet art eft prefque partout abandonné à des hommes groffiers, qui ne fçavent ni obferver, ni tirer de leurs obfervations des conféquences qui les conduifent à découvrir la vérité : ou bien il n'est cultivé que par des personnes, qui ne manquant ni d'esprit, ni de connoissances, ont une fortune trop bornée pour pouvoir faire les expériences nécessaires. Ainsi les premiers ne peuvent sçavoir que ce qu'ils ont appris de leurs peres ; & les seconds, dont la subsistance dépend de la certitude du succès, n'osent rien risquer. Que peut-on attendre des uns & des autres ?

Mais en supposant des connoissances & une fortune aisée, la difficulté de l'art en lui-même suffit seule pour en retarder les progrès. Car que de circonstances délicates dans chaque expérience ! Combien ne faut-il pas avoir fait d'observations exactes sur la chaleur & sur le froid, sur la séchéresse & sur l'humidité, &c. avant qu'on puisse être assuré du succès général d'une expérience ! Quel changement ne produit pas une différence légere dans ces circonstances ! Qu'il est rare qu'on puisse répéter plusieurs fois des expériences qu'on ne sçauroit faire qu'une fois l'année, & que la vie de l'homme est courte pour une si pénible & si longue entreprise ! D'ailleurs les observations périssent avec l'Observateur, quand elles n'ont point été rendues publiques ; & la vanité ne permet gueres d'en publier, à moins qu'on en ait fait assez pour en former un systême complet.

Aussi l'Agriculture, si aisée en apparence, est, à en juger par le petit nombre des bons Auteurs, le plus difficile de tous les Arts.

Ce ne sont pas là les seuls obstacles qu'elle ait à vaincre, en voici un plus grand encore : c'est qu'elle dépend de Principes, que sa pratique seule ne peut aprendre. Il faut remonter au delà de cet Art, pour le connoître à fond. Tous les Arts extérieurs tiennent, du moins quant aux Principes, ou à la chymie, ou à la méchanique, ou même à l'une & à l'autre. L'Agriculture est dans ce dernier cas ; car quoique le secours des méchaniques lui soit nécessaire, j'ose assurer que celui de la chymie l'est encore davantage. Sans la connoissance de cette derniere science il n'est pas possible d'établir les vrais Principes de l'Agriculture. Or la science de la chymie ne faisant, pour ainsi dire, que de naître, & n'ayant encore été gueres cultivée par rapport à l'utilité que le commerce & les manufactures pouvoient en tirer, on ne s'étoit presque point apperçu de la liaison que l'Agriculture a naturellement avec elle. Je me propose dans cet Ouvrage de la faire sentir, cette liaison ; & de montrer combien la chymie peut servir à fixer les Principes de l'Agriculture.

Mon dessein n'est pas d'en enseigner ici la

pratique: je laisse ce soin aux Cultivateurs. Je me contenterai d'en tracer les principaux traits, & de faire voir que cet Art peut être réduit, comme tous les autres, à un système régulier. Si d'après divers faits constatés par l'expérience, nous pouvons établir des principes fixes d'Agriculture, ceux qui s'appliquent à la pratique ne sçauroient manquer d'en tirer quelque utilité. La vraie théorie d'un Art contribue directement à ses progrès, parce qu'elle conduit naturellement aux expériences qui restent à tenter: c'est un flambeau sans lequel on peut rencontrer par hazard quelques vérités; mais quand il éclaire nos pas, nous avons la secrete satisfaction que c'est à nous mêmes que nous devons l'heureux succès de nos expériences.

Tâchons donc de trouver quelque point fixe, d'où nous puissions embrasser d'une seule vûe toute l'étendue de cet Art, & procéder d'une maniere méthodique à la division de cet Ouvrage. Tous les corps organiques tirent leur croissance de la réception ou application des parties destinées par l'Auteur de la nature à les nourrir, & sans ces parties nutritives, ils ne croîtroient point. Les plantes, étant des corps organiques, ne croissent donc qu'à proportion de la quantité de nourriture, qu'elles reçoivent à leurs racines : vûe simple, mais qui embrasse toute l'Agriculture, & d'où il suit que ce point unique, c'est-à dire, la nourriture des plantes, est le grand objet, &, pour ainsi dire, le centre de cet Art.

Mais comment le Cultivateur nourrira t'il les plantes, s'il ne connoît ni la nature, ni la qualité de chaque sol, & ne sçait pas distinguer ceux qui sont capables ou incapables de les faire croître ; s'il ne peut leur fournir les alimens nécessaires à leur nourriture, ou qu'il ignore quels sont ces alimens ; s'il n'aide les plantes à chercher & à se procurer cette nourriture, en rendant la terre plus légere & plus meuble ; enfin s'il ne connoit & n'écarte, autant qu'il est en lui, tout ce qui peut s'opposer à leur nutrition. Voilà les grands objets de l'Agriculture. Nous diviserons donc ce Traité en cinq Parties, & nous considérerons, 1°. La nature & les qualités des divers sols. 2°. La nature & les qualités des divers engrais. 3°. La maniere dont ils operent. 4°. Les différentes manieres de labourer & façonner la terre. 5°. Les obstacles à la végétation, & la maniere d'y remédier.

On ne peut raisonner sur les opérations des corps que d'après des expériences qui nous ayent fait connoître leurs qualités. Toute autre voye ne nous conduiroit pas à la découverte de la vérité. Ainſi je ne ferai aucun pas ſans avoir l'expérience pour guide, & je n'avancerai rien qui ne ſoit appuyé ſur des faits. Quand les autres ne m'en fourniront point, je tâcherai d'y ſuppléer par moi-même. Cette maniere de proceder eſt laborieuſe, mais elle eſt néceſſaire.

SECTION II.

Des divers ſols.

C'EST dans le ſein de la terre que les ſemences ſont reçûes; c'eſt d'elle que les végétaux tirent toute, ou preſque toute leur nourriture; il convient donc de commencer par en examiner la nature. Puiſque la terre produit pluſieurs plantes, indépendamment du ſecours de l'art, il faut qu'elle contienne de quoi les nourrir. Si nous pouvons découvrir quelle eſt cette nourriture naturelle des végétaux, nous découvrirons aiſément en quoi conſiſte leur nourriture artificielle, & comment elle opere.

Les terres different extrêmement les unes des autres par leurs qualités. Les Laboureurs en diſtinguent pluſieurs ſortes, & peut-être pouſſent-ils ces diſtinctions trop loin.

Il est vrai qu'il n'est pas aisé de fixer le point précis où commence la différence d'un sol à un autre; mais la même difficulté se trouve dans toutes les divisions des corps naturels. L'Auteur de la nature les à liés les uns aux autres par des corps intermédiaires; il n'a pas voulu agir par sauts, mais par gradations, afin que tous les êtres se tinssent en quelque sorte, & que la nature ne formât qu'un seul tout. On peut réduire à six les différences spécifiques des terres; sçavoir, la bonne terre noire, l'argilleuse ou glaiseuse, la sabloneuse, la marécageuse ou tourbe, la crayeuse & le tuf.

 Quand les Laboureurs parlent des terres, ils les distinguent ordinairement les unes des autres par la couleur, ou par quelque autre qualité de leur superficie, qui leur frappe immédiatement les sens. Mais la couleur ne peut jamais faire connoître la composition des corps ou leurs principes, desquels seuls dépendent leurs opérations & leurs effets; & ces qualités de la superficie résultent elles-mêmes des parties constitutives des corps. Nous essayerons donc de découvrir par les expériences ces parties constitutives des différentes terres, & en quoi elles différent les unes des autres.

SECTION III.

De la bonne terre noire.

JE commence par cette forte de terre, parce que c'eſt celle où les nourritures végétales ſe trouvent en plus grande abondance, & que toutes les autres terres ne ſont bonnes ou mauvaiſes, graſſes ou maigres, qu'à proportion qu'elles contiennent plus ou moins de celle-ci.

Cette terre, quand elle eſt fraichement fouie & un peu moite, a une très-agreable odeur, qu'elle perd quand elle eſt trop ſeche ou trop humide. C'eſt cette odeur qu'on ſent dans la campagne, ſur-tout après des pluyes douces, précédées de quelque ſechereſſe. On l'attribue ordinairement aux corpuſcules émanés des plantes; mais elle vient de la terre même, car on la ſent partout, & elle paroît d'autant plus forte qu'on aproche le nez plus près de la terre. Elle eſt probablement dûe aux huiles & aux ſels volatils, qui s'élevent en plus grande quantité, lorſque la fermentation naturelle de la terre eſt augmentée par une humidité ou moiteur convenable.

C'est une qualité particuliere de cette terre, qu'elle s'émie aisément quand on la fouit ou qu'on la bêche : en quoi elle differe extrêmement de la terre glaise & de la terre sableuse. La premiere ne s'émie pas ; la seconde tombe en poussiere comme le sable. La terre noire au contraire se partage en petites mottes ; & elle paroît avoir le dégré d'adhérence le plus propre à soutenir les végétaux & à leur permettre en même tems d'étendre leurs radicules de côté & d'autre, pour chercher leur nourriture. Ses parties semblent avoir une tendance à se désunir & à se séparer les unes des autres : car on observe que quand on l'a fouie & laissée à l'air, les fosses d'où on l'a tirée ne suffisent plus pour tout contenir : effet qu'il faut attribuer à une fermentation ou putréfaction que l'air y occasionne, puisque sans air il ne sçauroit y avoir de mouvement interne. Cette tendance continuelle à la putrefaction dans certaines parties de cette sorte de terre, se fait encore remarquer davantage par sa couleur & par la quantité d'huile qu'elle renferme : car on sçait que l'huile est le seul & unique sujet de la putréfaction. D'où il suit qu'il doit y avoir dans cette terre un dégré de chaleur proportionné au progrès de la fermentation putréfactive, & indépendant du soleil & de la chaleur naturelle des parties intérieures de la terre.

Une autre propriété de cette sorte de terre, c'est qu'elle admet l'eau aisément, qu'elle se gonfle comme une éponge quand elle a été humectée, & qu'elle se contracte quand elle est seche, d'où les Naturalistes concluent, qu'elle est composée de parties spongieuses. J'aime mieux attribuer ce gonflement à la fermentation ou mouvement interne, qui est continuel dans cette sorte de terre, & que l'eau augmente : car tous les corps ont une certaine quantité de parties aqueuses pour aider la fermentation.

On remarque que de toutes les terres, celle des marais & fondrieres exceptées, la plus noire est la plus fertile. Cette couleur est une forte preuve que ces terres contiennent beaucoup de matieres grasses & huileuses ; car toutes les huiles fossiles & végétales, quand elles sont mêlées avec une grande quantité de terre, sont de cette couleur. C'est à ces huiles qu'il faut attribuer la couleur noire que prennent toutes les substances animales ou végétales, quand elles tournent à la putrefaction. L'onctuosité de cette terre, qualité que remarquent les Laboureurs, est encore une preuve de sa nature huileuse. Cette couleur noire fait qu'elle ne réflechit que peu de rayons du foleil, & par là même elle la rend fufceptible d'un plus grand dégré de chaleur que les terres blanches.

Nous avons un moyen fûr de connoître fi des corps contiennent des parties huileufes ou non, c'eft le nitre mis en fufion par le feu. Quoique le nitre ne foit pas inflammable de lui même, il le devient dans cet état, & entre en déflagration avec les corps qui contiennent des parties huileufes.

Exper. 1. Je pris de cette bonne terre à trois ou quatre pouces de profondeur, dans une plate bande de jardin, où l'on n'avoit jamais mis de fumier ; j'y verfai du nitre en fufion, & ce mélange produifit une déflagration confidérable.

Pour découvrir fi cette terre contenoit des parties alkalines ou abforbantes, je fis l'expérience fuivante.

Exper. 2. Je mêlai de fort vinaigre avec une double quantité d'eau : je le verfai enfuite fur cette terre graffe, & il produifit une affez grande fermentation, d'où s'éleverent beaucoup de bulles d'air. Le goût acide fut détruit, & le vinaigre réduit à un corps neutre. Cette expérience prouve, que cette terre contient une grande quantité de parties, qui attirent les acides & en font un fel neutre. J'ai appris par diverfes expériences, que toutes les terres propres pour la nourriture des plantes contiennent plus ou moins de ces parties anti-acides.

Pour sçavoir ce qu'on peut tirer de cette terre par la distillation :

Exper. 3. J'en ai distillé une demie.livre à un feu modéré. Dans l'espace de deux heures, j'en ai tiré une once d'une liqueur jaune empyreumatique & de la nature des alkalis. Le feu ayant été poussé très-fortement pendant plus de neuf heures, me rendit plus d'une demi once d'une liqueur jaunâtre empyreumatique, dans laquelle nageoient des filamens huileux. Elle étoit d'une odeur approchante de l'esprit de corne de cerf, & produisit avec le vinaigre une effervescence considérable.

On peut conclure de cette expérience, que les sels de cette espece de terre sont du genre des alkalis volatils ; que ces sels s'y trouvent naturellement, & qu'une chaleur modérée suffit pour les exalter. Elle est encore une nouvelle preuve que cette terre contient beaucoup d'huile, puisqu'elle teint l'eau d'une couleur jaune, qu'elle lui donne une odeur de brûlé, & que dans le second essai on la voit flotter en filamens.

SECTION IV.

De la terre argilleuse ou glaiseuse.

La terre argilleuse ou glaiseuse différe extrêmement de celle dont nous venons de parler. Comme elle n'est qu'un mélange d'argille avec la terre précédente, nous allons examiner ici les propriétés de l'argille ou glaise.

La propriété distinctive & caractéristique de ce corps, c'est qu'il contient toujours une certaine quantité d'eau, qui empèche jusqu'à un certain point, qu'il n'en entre davantage dans ses pores. Le fluide ne pénetre l'argille qu'avec peine, par conséquent il ne peut, du moins jusqu'à un certain dégré, l'amollir ni en diviser les parties, ou agir autrement sur elle. Quand elle est puissamment comprimée par une force étrangere ou par sa pésanteur & subsidence naturelle, comme elle se trouve au fond de plusieurs de nos terroirs, & de presque tous nos marais & fondrieres, elle soutient l'eau & elle lui devient impénétrable. A proportion donc de la quantité d'argille qu'une terre contiendra, elle résistera à l'eau, & l'empèchera de se filtrer à travers de ses pores, elle tiendra les plantes dans une humidité continuelle, elle en aura plus de peine à être échauffée par les rayons du soleil, & par conséquent elle sera regardée avec raison comme naturellement froide.

L'argille exposée au dégré de chaleur d'un jour d'été, se seche & se durcit tellement, qu'il faut une force considerable pour en diviser les parties. Cette qualité de l'argile se fait remarquer encore davantage, quand elle a été long tems imbibée d'eau, & qu'elle vient à se secher subitement. Les terres argilleuses se durcissent donc aisément au soleil, surtout si elles ont été labourées après des pluyes, & dans cet état elles empêchent les racines des plantes de s'ouvrir un passage & de s'étendre. Cette qualité de l'argille vient de la même cause, c'est à-dire, de la fort adhérence de ses parties, dont sa grande ductilité est encore une preuve. Mais d'où vient-elle elle-même, cette adhérence ? Est-ce d'une certaine configuration de ses parties, qui les tient liées étroitement ensemble & en empêche la séparation ? ou de parties huileuses mêlées avec les parties terreuses ; car les parties de l'huile ont une adhérence naturelle & ne se laissent pas aisément pénétrer par l'eau ? Je penche vers ce dernier sentiment, parce que j'ai trouvé que l'argille contient une huile plus épaisse que celle de la terre dont nous avons parlé plus haut, très étroitement unie avec les parties terreuses, & difficile à en séparer.

Exper. 4. Je mêlai de la terre glaise avec du vinaigre : il ne se fit aucune fermentation & le goût acide subsista. Il paroît donc qu'il n'entre dans la composition de la terre glaise ni parties alkalines, ni parties absorbantes, en quoi elle differe beaucoup de la terre précédente.

Les Chymistes prétendent pour la plûpart que la glaise contient un acide vitriolique & une huile. C'est par cet acide qu'ils expliquent la propriété qu'elle a d'aider à la distillation des acides, du nitre & du sel, ainsi que sa vitrescibilité, parce que les sels secondent puissamment la vitrification.

M. Lemeri le fils dans les Mém. Acad. des Sciences pour l'année 1708, assure qu'il *y a dans l'argille des parties huileuses, acides & terreuses, & qu'en la poussant par un feu considérable, il s'en échappe des acides & des parties huileuses.*

Pour découvrir par la distillation ce que la glaise contient, je fis l'expérience suivante.

Exp. 5. Je mis dans une cornue une demi-livre de glaise seche, prise sept pieds au-dessous de la surface, dans une glaisiere ouverte

verte pour une briquerie. Je la fis diftiller pendant deux heures à un feu moderé & j'en tirai une demi once d'eau pure. Lorfqu'elle eut foufert le feu le plus violent, que je puffe lui donner dans un fourneau portatif, pendant l'efpace de neuf heures ; je trouvai dans le récipient deux dragmes ou gros d'une liqueur tranfparente qui avoit la même odeur que l'efprit volatil de corne de cerf, excitoit une effervefcence confidérable avec le vinaigre, & rendoit verd le firop violat: le réfidu étoit rouge. Ainfi au lieu de tirer de la glaife un acide, comme les Chymiftes le prétendent, j'en tirai un efprit alkali volatil. Il ne paroît non plus aucune forte d'huile dans cette expérience, d'où nous pouvons conclure, que s'il y a quelque huile dans l'argille, elle y eft intimement unie & combinée avec les parties terreufes d'une maniere analogue à ce qui arrive dans les métaux.

Qu'il y ait de l'huile dans la glaife, c'eft un fait que plufieurs raifons me portent à croire ; la nutrition des végétaux pour laquelle l'huile eft néceffaire, l'onctuofité de l'argille, & la propriété qu'elle a de rougir au feu comme les métaux.

Exp 6. Je mêlai de la même glaife que dans l'expérience précédente, avec du nitre en fufion. Lorfque je l'y jettois par petits morceaux, il ne se faisoit point d'inflammation ; mais j'apperçus distinctement des étincelles quand je l'y jettai en poudre ; j'en conclus que l'argile contient une huile intimement liée & combinée avec ses parties terreuses.

Exp. 7. Un morceau d'argile mis dans un feu de cuisine y devint rouge comme un charbon ardent, & quand il fut retiré, il avoit une couleur rouge, qui me parut devoir être attribuée aux parties de fer que cette glaise contenoit. La pierre d'aiman en attira même quelques parties, mais en très petite quantité. Sur quoi on doit se rappeller que cette qualité dépend de la partie inflammable de ce métal, partie qui lui est toujours donnée par l'art ; & que je n'avois point ajouté d'huile à la glaise dans la calcination. Il y a très-peu de mines de fer qui ayent naturellement cette qualité, d'être attirées par l'aiman. Toutes ces expériences furent faites sur la même glaise.

SECTION V.

De la terre sablonneuse.

CETTE terre tire son nom de la quantité de sable qu'elle contient. Ses qualités dépendent donc de celles du sable. Or ce corps diffère beaucoup des deux précédens; du dernier, en ce qu'il admet l'eau aisément; & du premier, en ce qu'il ne la retient pas de même : car la terre noire paroît attirer fortement l'eau & résister à ce qu'elle s'en échappe; au lieu que le sable la laisse passer aisément, & qu'il ne se gonfle pas, mais devient plus mat quand il est mouillé. Le sable ne retient pas l'eau aussi long tems que les bonnes terres, parce qu'il ne contient point, comme elles, de ces sucs savoneux & mucilagineux avec lesquels l'eau se combine & s'arrête. De-là vient que les terres sablonneuses manquent d'une humidité suffisante pour nourrir les plantes, & qu'elles sont fort chaudes, car le sable est susceptible d'une plus grande chaleur du soleil, & il la conserve plus long-tems que l'eau.

Le sable ne se gonfle point quand on y ajoute de l'eau. Cette qualité dans les bonnes terres vient d'une fermentation intérieure qui s'y fait. Or il n'y a point dans le sable de parties susceptibles de fermentation, & il ne s'en trouve que très-peu dans les terres sablonneuses : aussi manquent-elles des parties nutritives nécessaires pour faire croître les plantes. Au lieu de se gonfler, le sable s'affaisse quand il est mouillé, parce que l'eau dispose ses parties plus régulierement, de sorte que les interstices sont plus exactement remplis qu'auparavant, & que par conséquent le volume doit diminuer.

Le défaut des terres sablonneuses est donc de laisser échapper l'eau trop aisément, & de contenir trop peu de parties nutritives. De quelques amendemens qu'on se serve pour ces terres, ils doivent corriger l'un ou l'autre de ces deux défauts. La glaise les aidera à retenir l'eau, mais elle ne leur fournira pas beaucoup de sucs nourriciers. Les chiffons de laine sont très-propres à remplir ces deux objets, parce qu'ils contiennent une grande quantité de sucs mucilagineux, qui servent tout à la fois à nourrir les plantes & à conserver l'humidité. Mais l'amendement qui me paroît le meilleur de tous pour les terres sablonneuses, c'est la terre des marais & fondrieres ou tourbe ; car elle est aussi impénétrable à l'eau que largille, & peut-être davantage; & comme elle n'est gueres qu'un composé de végétaux, elle contient plus d'huile qu'aucune autre terre que je connoisse. Ce raisonnement est encore appuyé par un fait. Un Gentilhomme ayant mis de cet amendement dans une petite partie d'un champ, dont le sol étoit léger & sablonneux, l'avoine qu'il y sema la même annnée, & le trefle qui y poussa l'année d'après, vinrent beaucoup mieux que dans le reste du champ.

Le sable, tout sec & dur qu'il est, paroît pourtant composé en grande partie d'une substance huileuse mucilagineuse. On va le voir par l'expérience suivante.

Exp 8 Le 9 Février je pris 10 grains de pur sable de mer pillé dans un mortier, & je les mis dans une phiole avec une dragme ou gros d'huile de vitriol. Je mis une égale quantité de sable avec une égale quantité d'esprit de nitre dans une autre phiole, & dans une troisiéme phiole la même quantité de sable avec de l'esprit de sel marin. Le 28. Mars les acides parurent troubles. Je versai un peu d'eau dans chacune des phioles, afin de faire affaisser le sable, & que les parties mêlées avec les acides se séparassent plus aisément, & je trouvai que le sable de la premiere phiole pesoit sept grains, & celui des deux autres six & demi. Pour précipiter & séparer des liqueurs tout ce qui avoit été dissous par les acides, je mêlai dans chacune autant de cendre de fougere qu'il en fallut pour saouler les acides. Après l'effervescence, il se trouva une poudre brunâtre au fond de l'huile vitriolique; & une substance huileuse au fond des deux autres, entierement distinguée de l'eau. Ce qui fut précipité de l'esprit de nitre étoit jaune, & ce qui le fut de l'esprit de sel étoit blanc. La premiere matiere, quand elle fut féparée de l'eau, s'enflamma avec le nitre diffous, ce qui me prouva que c'étoit une fubftance huileufe : la derniere ne s'enflamma pas. J'obferverai ici que la fine poudre de pierre à fufil s'enflamme fenfiblement avec le nitre diffous.

La chaux étant un puiffant diffolvant, fur-tout des corps huileux, je m'imaginai qu'elle pourroit produire quelque effet femblable fur le fable & le diffoudre en mucilage, & que par-là le fable pourroit fournir une nourriture propre aux plantes : je crus que c'étoit peut être par cette raifon que la chaux & le fable prennent enfemble une confiftence plus grande, & fe lient plus fortement que les parties de la chaux ne font entre elles lorfqu'elles font feules. Cette conjecture me parut encore plus folide quand je confidérai que les fubftances mucilagineufes & huileufes, telles que les blancs d'œufs, l'huile de baleine, &c. mêlées avec la chaux, lui font prendre confiftence. Pour m'en affurer, je fis l'expérience fuivante.

Exp. 9. On convient que la pierre à fufil eft de la même nature que le fable. Je pris un certain nombre de petits morceaux de pierre à fufil, pefant en tout une dragme 52 grains & demi, & j'y mêlai une certaine quantité de chaux & d'eau. Ils refterent dans la chaux depuis le 9 Février jufqu'au 23 de Mars. Quand je les eus retirés & féchés, je les péfai & j'y trouvai le même poids que d'abord.

Exp. 10. Pour voir quel effet le mucilage extrait du fable par les acides produiroit fur la chaux vive, je mêlai avec de la chaux vive une petite quantité du mucilage extrait par les deux acides, & j'en formai une pâte. Je pris une autre quantité de la même chaux, dont je fis aufli une pâte avec de l'eau feulement. Je laiffai ces pâtes pendant quatre femaines, & lorfqu'elles furent entierement feches je trouvai que ni l'une ni l'autre n'avoit pris liaifon.

Ces expériences paroîtront contraires aux principes que nous avons établis plus haut. Cette queftion eft fi importante, fur tout pour la conftruction des bâtimens, qu'elle mérite d'être examinée avec plus de foin.

SECTION VI.

De la terre crayeufe.

JE dirai peu de chofes de cette forte de terre. Comme elle n'eft pas commune en Angleterre, je n'ai point eu occafion d'en rencontrer, & je ne veux rien rapporter sur la foi de ceux qui raisonnent sans s'appuyer sur l'expérience.

La craye est un absorbant, & il n'entre aucunes parties huileuses dans sa composition, mais elle les attire puissamment. D'où nous pouvons conclure, que les amendemens les plus convenables pour les terres de cette nature doivent être les corps qui contiennent beaucoup d'huiles, comme les chiffons, les crins, &c. Elles n'attirent l'eau que foiblement, ainsi elles sont en général trop seches. Les Laboureurs ont remarqué qu'elles se durcissent après de fortes pluyes.

SECTION VII.

Du Tuf.

CETTE sorte de terre est rouge ou grise ou jaunâtre. Elle ne produit d'elle-même aucune plante, & n'est pas aussi aisément ni aussi promptement rendue fertile, que celles dont nous avons parlé. Quelquefois même elle résiste à tous les soins qu'on peut prendre, & rend tous les efforts du Cultivateur inutiles. Ces terres donc non seulement ne contiennent aucune nourriture pour les végétaux, mais renferment fouvent un poifon qui les fait mourir; autrement on viendroit toujours à bout de les fertilifer à force d'engrais. Mais quel eft il ce poifon ? C'eft ce que nous allons examiner ici: car ce ne pourra être qu'après l'avoir connu, que nous fçaurons s'il y a du remede ou non.

J'ai fait les expériences fuivantes fur quelques-unes de ces mauvaifes terres, que m'avoit montrées un Fermier très intelligent.

Exp. 11. Elles produifirent une effervefcence fenfible avec le vinaigre & l'huile de vitriol délayée dans de l'eau : elles avoient un goût de fer, & noirciffoient avec la diffolution de noix de galle.

Exp. 12. Quelques mottes de cette terre calcinées dans un feu violent pendant deux heures, furent prefque toutes attirées par l'aiman.

Exp. 13. Elles ne produifirent aucune déflagration, étant mêlées avec du nitre en fufion.

Exp. 14. Quatre onces de cette terre de couleur brune, bien féches, ayant été diftillées, donnerent en fix heures deux dragmes d'un phlegme qui parut n'être ni de la nature des acides, ni de celle des alkalis.

Il paroît par ces expériences, que cette forte de terre ne contenoit ni fels ni huiles, mais qu'elle n'étoit qu'une composition de parties terreuses & ferrugineuses. Le poison, ou mauvaise qualité de ces terres, vient de ce dernier corps, qui, comme on peut le voir par la premiere expérience, se dissout dans tous les acides, & qui, quand il est ainsi dissous, pénetre dans les vaisseaux des plantes. Nous verrons dans la suite qu'il y trouve des acides. L'expérience suivante met cette conjecture hors de doute.

Exp. 15. Je pris une livre de bonne terre, & j'y mêlai une dragme de sel martial : je la mis dans un pot & j'y semai de l'orge au commencement de Mai. Quelques grains pousserent, & crûrent à peu près à la hauteur d'un pouce. Ils paroissoient jaunâtres & malades, & ne tarderent pas à mourir, tandis que d'autres grains semés dans un autre pot rempli de la même terre, vinrent très bien. Ainsi une très petite quantité de fer, dissous par l'acide vitriolique, suffit pour rendre stérile une grande quantité de bonne terre, & par conséquent il doit être regardé comme le poison qui cause la stérilité des terres dont nous parlons ici. Si l'on peut y remédier, je crois que ce ne peut gueres être que par la marne ou la chaux, qui attireront les acides du fer, & le rendront, du moins en grande partie, indissoluble dans l'eau.

Quoique le mélange du fer avec la terre soit la cause la plus générale de sa stérilité, il paroît pourtant qu'elle n'est pas la seule : le manque des principes nécessaires à la végétation doit produire le même effet.

Les Fermiers regardent ordinairement la craye durcie comme une sorte de tuf, particulierement quand ils la trouvent sous la terre en labourant. Les Laboureurs ordinaires craignent de l'entamer, parce qu'ils la jugent stérile ; mais les plus judicieux ne font point difficulté d'y enfoncer la charrue, ils en prennent peu à peu, & trouvent que la chaux, le fumier & l'air la fertilisent aisément.

SECTION VIII.

De la tourbe ou terre des marais ou fondrieres.

Je n'entrerai point ici dans une discussion sur l'origine & la nature de cette terre. On convient maintenant que c'est une substance végétale. L'expérience suivante en fournit la preuve.

Exp. 16. Une demi-livre de tourbe réduite en poudre, me donna, par la distillation, dans l'espace de deux heures, deux onces d'une liqueur acide empyreumatique de couleur jaune, & qui fit connoître sa nature acide en fermentant avec l'huile de tartre par défaillance. Un feu violent continué pendant plus de neuf heures, me donna deux drag-mes d'une liqueur rougeâtre empyreumatique plus acide que la premiere, & un scrupule d'une huile épaisse & noire. Outre cela il se trouva autour du col de la cornue une grande quantité d'huile rouge, que son poids avoit empêché de s'élever plus haut. Le résidu étoit noir.

Exp. 17. De la tourbe brulée à feu nud me donna environ trente-deux parties de sel alkali.

Nous voyons par-là que la tourbe donne les mêmes principes que les autres végétaux, & que par conséquent on doit la ranger dans cette classe.

Le seul moyen de rendre cette sorte de terre fertile, c'est de réduire les végétaux en pourriture, en labourant la terre, & faisant par là mourir les plantes. Tous les végétaux se tournent en bonne terre quand ils ont souffert un dégré de putréfaction. L'écorce même du chêne fait de la bonne terre quand elle est pourrie. Les parties se sépareront plus promptement si l'on mêle avec la tourbe de la terre ou de l'argille; car la tourbe est d'elle-même ennemie de la putréfaction. Toutes sortes de substances végétales & corps d'animaux mis dans la tourbe y sont préservés de la corruption pour toujours. On sçait que les absorbans servent puissamment à la putréfaction. Les diverses sortes de marne quand on peut en avoir, & sur-tout celle qui est formée de coquilles, me paroîtroient l'engrais le plus propre pour les terres des marais ou fondrieres. La chaux, qui paroît être un puissant dissolvant de toutes les substances végétales, peut avoir aussi de bons effets sur cette sorte de terre.

SECONDE PARTIE.

PREMIERE SECTION.

Des moyens que la nature employe pour fournir aux plantes la nourriture végétale.

APRES avoir reconnu & démontré les propriétés des divers sols, l'ordre naturel des choses demande que nous traitions maintenant de la nature & des propriétés de tous les corps, que nous sçavons par expérience contribuer à fertiliser la terre, soit qu'ils y foient appliqués par la nature ou par l'art. Si nous pouvons découvrir quelques qualités communes à tous ces corps, nous parviendrons plus aifément à connoître ce qui fait l'objet de nos recherches, c'eft à dire, quelle eft la nourriture propre des végétaux, ou du moins quels font les principes qui entrent dans fa compofition. Examinons donc d'abord les voyes que la nature prend pour rendre la terre fertile.

L'expérience nous apprend, que la terre épuifée de nourritures végétales, en recouvre de nouvelles lorfqu'on la laiffe repofer : preuve que ces nourritures augmentent continuellement dans la terre, quand elle n'en eft pas dépouillée par les plantes. Pour découvrir d'où lui viennent ces nourritures végétales, il fuffit de faire attention à deux faits : le premier, que plus la terre eft expofée à l'air, plus ces fucs nourriciers font réparés promptement & en plus grande abondance : le fecond, que quand la fuperficie du fol eft enterrée par le labour, & le fond du fol expofé à l'air, cette nouvelle terre, quoiqu'en apparence auffi bonne que la premiere, ne produit gueres que de mauvaifes herbes jufqu'à ce qu'elle ait reçu pendant quelques années les influences bienfaifantes de l'atmofphere.

Les façons qu'on donne aux terres font une preuve de ce que nous venons d'avancer. Les labours brifent, retournent la terre & en expofent les différentes parties à l'influence de l'air. Or que ce brifement, cette trituration de la terre, par l'action méchanique du labourage, ne foit pas, comme Tull l'affure, le principal moyen d'augmenter la nourriture des végétaux, c'eft ce que prouvent clairement deux autres faits : l'un, que le fol même le plus léger s'améliore par le labour: l'autre, que quand la terre en jachere eft difpofée en fillons, elle devient plus fertile, & recouvre plus de nourritures végétales que quand on la laiffe toute plate.

Cette influence de l'air fur la nourriture des plantes, fe fait remarquer encore davantage dans les mottes de terre qu'on éleve en forme de mur autour des parcs à moutons. Ces mottes de terre reftent expofées à l'air, qui paffe & repaffe entre elles, pendant plufieurs mois. La terre ainfi expofée devient fi prodigieufement fertile, qu'on la diftingue très-aifément à la quantité & au verd foncé des grains, d'avec les parties intérieures du parc, quoique bien engraiffées par l'urine & le fumier des troupeaux. Il a même été obfervé par les Laboureurs, que cette terre refte fertile pendant trois ou quatre ans plus que les autres parties du parc.

L'air est donc le premier moyen que la nature employe pour fertiliser les terres : les meilleures même ont continuellement besoin de son influence. Nous ne pourrons connoî- de quels principes de l'air dépend la propriété qu'il a de fertiliser la terre, jusqu'à ce que nous nous soyons assurés de la nature des divers engrais, qui paroissent opérer en attirant ces principes. La force végétative puissante & durable, que l'air communique à la terre, doit porter à en faire plus d'usage qu'on ne fait communément. Pourquoi ne pas préparer toute la surface d'un champ, comme ces murs de parc dont nous venons de parler ? Toute autre préparation, tout autre engrais n'opere que deux ou trois ans après qu'on les a employés : celle-ci opere immédiatement. Un Fermier ne peut, année commune, fumer un acre de terre à moins de 5 livres, l'opération, que je propose, ne coûteroit que trente sols. Le fumier remplit la terre de quantité de mauvaises herbes : notre méthode l'en délivre. On ne trouve pas du fumier & des engrais par-tout : notre pratique peut être employée dans tous les pays. Elle seroit sur-tout avantageuse dans les terres glaiseuses, que les vicissitudes & changemens successifs de l'air pulvériseroient.

La

La rosée contribue aussi beaucoup à fertiliser les terres : tous les Laboureurs en conviennent. Elle est formée de la transpiration de la terre, de celle des végétaux & animaux dans leur état naturel, & de leurs exhalaisons, quand ils sont dans un état de corruption. La chaleur que la terre conserve, même après que l'influence du soleil est affoiblie, exalte ces corpuscules atténués ; mais l'air, qui se réfroidit plus promptement à cause de sa raréfaction, les condense à une distance médiocre de la superficie de la terre, où retombent ceux qui deviennent spécifiquement plus pésans que l'air. Les rosées différent donc entre elles à proportion de la différence des corps d'où elles sont élevées, & les principes qu'elles contiennent ne sont pas par-tout les mêmes. Néanmoins l'expérience nous apprend qu'elle est composée communément d'huiles & de sels, mêlés avec une grande quantité d'eau. Nous verrons dans la suite de quel usage sont ces principes pour la végétation. L'eau de pluye, sur-tout dans le printems, est composée des mêmes matieres.

On met avec raison la neige au rang des corps qui servent à fertiliser la terre. J'ai remarqué un léger sédiment au fond de l'eau de neige fondue, après l'avoir gardée trois ou quatre jours. Lorsque la neige se fond, sa superficie même sur le sommet des montagnes, est couverte d'une poussiere brune. L'eau de pluye & de neige se pourrissent plus promptement que l'eau de source, preuve certaine qu'elles contiennent plus de parties huileuses.

Exp. 18. Une livre & demi d'eau de neige évaporée me donna deux dragmes d'une liqueur rougeâtre, qui n'avoit que peu de goût, & n'annonçoit aucune partie saline. Je la mis dans un sellier pendant quatorze jours, & quand je la retirai je la trouvai couverte d'une substance moisie. Lorsque cette substance fut desséchée, elle prit feu sur un fer rouge, & se réduisit en poudre : d'où l'on peut conclure que la neige contient une substance huileuse.

Les inondations dans les terreins bas sont encore mis au rang des moyens naturels d'amender les terres, soit que les eaux de pluye y tombent directement, ou qu'elles y coulent des terreins plus élevés. L'Egypte est inondée tous les ans par le Nil, & devient par-là extrèmement fertile. L'eau de source est encore de quelque utilité pour fertiliser la terre, mais elle y contribue beaucoup moins que l'eau des rivieres, principalement de celles qui passent par des pays fertiles ; parce qu'alors elle est remplie des plus subtiles parties terreuses, que les pluyes ont emporté des bonnes terres. Lorsque les eaux impregnées de ces parties terreuses & des sucs savoneux des terres où elles ont coulé, séjournent dans les terreins bas, ces parties nutritives tombent au fond & les fertilisent. Le Nil dépose une vase riche, un limon fertile & si rempli de parties tendantes à la putréfaction, que son odeur forte semble être la cause des fléaux dont l'Egypte est souvent affligée. C'est cette augmentation annuelle du sol qui a élevé le niveau de la terre beaucoup plus haut qu'il n'étoit. C'est aussi pour la même raison que dans tous les pays les vallées sont plus fertiles que les terreins élevés; les pluyes emportant toujours des hauteurs une partie des matiéres végétales, qu'elles laissent dans les fonds.

L'art imite souvent la nature dans cette maniere d'améliorer les terres; on conduit l'eau des rivieres dans les champs, où l'on les laisse séjourner quelque tems : ce qui se pratique sur-tout dans le printems, lorsque ces eaux sont plus impregnées de parties nutritives. Quand elles ont déposé ces parties, ce qu'elles font en quatre ou cinq jours, on les fait écouler entierement, de crainte qu'en s'évaporant par dégrés, elles ne resserrent trop la terre, & n'empêchent l'herbe de pousser. En effet c'est ce que cette opération a de plus dangereux, & par cette raison on ne doit pas l'employer dans les terres argilleuses.

Il faut observer ici qu'il y a des eaux extrêmement préjudiciables aux terres; par exemple, les eaux qui passent par des mines de fer ou de charbon, car les parties ferrugineuses que ces eaux contiennent font mourir les végétaux. Les eaux sulphureuses sont aussi très-nuisibles aux terres. Nous verrons dans la suite que le soufre est un poison pour les plantes.

SECTION II.

Des engrais ou moyens que l'art employe pour fournir à la terre des nourritures végétales.

L'EXPERIENCE a appris aux Laboureurs que certaines substances jettées sur la terre avec certaines précautions la fertilisent. Ces substances sont tirées ou du regne minéral, ou du regne végétal, ou du regne animal. Le regne minéral comprend les diverses sortes de marne, les pierres calcaires telles que la pierre à chaux, la craye, &c. & la chaux vive. Le regne végétal comprend tous les végétaux & leurs fucs, foit dans l'état naturel, foit dans un état de corruption, les cendres des végétaux & la fuye. Le regne animal renferme les coquillages calcaires dans leur état naturel ou dans l'état de putréfaction, les os, cornes, crins, chiffons de laine, & autres fubftances animales, comme les fientes, urines, &c. Je traiterai par ordre de tous ces divers engrais.

Je ne dirai rien de la maniere de les employer, je ne parlerai que de ce qui pourra fervir à faire connoître comment ils operent, & les qualités par lefquelles ils produifent certains effets fur la végétations des plantes.

SECTION III.

De la Marne.

C'EST un corps foffile, qui au toucher parcît onctueux & gras : il reffemble beaucoup à la terre glaife ; & quoiqu'il foit fort différent, on le confond fouvent avec elle. On en diftingue plufieurs efpeces, que nous renfermerons toutes fous les deux fuivantes, l'argilleufe & l'ardoifiere ; car celle qu'on appelle *Marne coquillaire*, est une substance animale, & par conséquent elle doit être placée dans une autre classe. Les différentes couleurs des marnes ne causent aucune différence dans leurs propriétés.

Exp. 19. C'est une qualité distinctive & caractéristique de ce corps, que quand il est mis dans l'eau, il tombe au fond en poudre. La marne argilleuse se dissout plus vîte que la marne ardoisiere. Cette propriété vient de ce que ses parties n'ont qu'une foible adhérence entr'elles; de sorte que l'eau, quoiqu'entrant avec très peu de force dans ses pores, en divise aisément les parties. Cette qualité la distingue suffisamment de toutes les autres terres dont nous avons parlé, & particulierement de la terre glaise, qui n'admet pas l'eau si facilement.

La marne étant si aisément divisée par l'eau, qu'elle perd entierement son adhérence naturelle, il est clair qu'elle aidera l'eau à s'échapper des terres où on l'aura employée. Les terres glaiseuses, quand elles ont été marnées, deviennent plus sêches. C'est aussi, je crois, parce que l'eau s'en échappe plus vîte, que les terres, quand elles ont été marnées, sont ainsi qu'on l'a observé, moins sujettes à la gelée, que quand elles ne l'ont pas été.

Exp. 20. Elle fermente avec tous les différens acides, & combinée avec eux, elle se convertit en un sel neutre. Pendent qu'elle fermente avec l'huile de vitriol, on sent une odeur sulphureuse; forte présomption qu'elle contient quelque substance huileuse. La marne argilleuse m'a paru se dissoudre plus promptement que la marne ardoisiere, & elle détruisit environ un tiers d'acides de plus. Cette propriété qu'a la marne d'attirer & de détruire les acides, est une de ses qualités distinctives, sans laquelle une terre ne sçauroit être regardée comme vraye marne. Cette qualité la distingue aussi de la glaise.

Les Laboureurs, qui d'ordinaire sont très-peu exacts dans les termes, donnent souvent le nom de marne à des corps qui ne fermentent pas avec les acides. On ne sçauroit douter que ces corps ne puissent servir & ne servent réellement à fertiliser la terre, mais on ne doit pas sur cela les regarder comme des marnes. Assurément des corps, dont les uns fermentent & les autres ne fermentent pas avec les acides, ne sont pas de la même nature, & ne doivent point avoir le même nom. Le nom de marne étant donc donné communément aux premiers, on devroit en donner un autre aux derniers, pour les distinguer de la véritable marne.

Exp. 21. Une autre propriété de la marne, qui la diftingue de la terre glaife, c'eft qu'on ne fçauroit en faire de la brique. La force du feu l'altére confidérablement : elle y perd fa qualité anti-acide, & n'eft plus diffoluble dans l'eau comme auparavant. Mais elle differe encore beaucoup d'une fubftance demi-vitrifiée; & je ne fçais fi elle pourroit ou ne pourroit pas fe vitrifier en y ajoutant quelqu'autre corps. C'eft une forte preuve qu'elle ne contient ni acide, ni fels alkalis ou neutres : car ces matieres mêlées avec la chaux, rendent la chaux même capable d'être vitrifiée.

Exp. 22. Je n'ai pû tirer de ces marnes aucun fel, foit par fimple leffive, foit par diftillation, quoique je les euffe pouffées à un feu très-violent. Le feu n'en fépara qu'un peu d'eau, qui me parut alkalifante; ce qui venoit peut être des plus fubtiles parties de la marne que l'eau avoit emportées. Je n'apperçus aucune huile dans la diftillation : mais la poudre de marne jettée dans du nitre en fufion, produifit quelques étincelles. Ces étincelles & l'odeur fulphureufe qui fe fit fentir quand la marne fût diffolue par l'huile de vitriol, me porteroient à croire qu'il entre dans fa compofition une très-petite partie de matiere huileufe.

Mais, quoique peut-être la marne ne contienne aucune huile, elle les attire puissamment : c'est une qualité qu'ont toutes les terres absorbantes, comme les Chymistes le sçavent ; aussi s'en servent ils pour séparer les huiles des autres corps. Il suit de-là que la marne attirera & fixera les huiles qui se trouveront dans la terre, & qui y seront tombées avec la neige ou la pluye, & même celles qui flottant dans l'air toucheront à la superficie de la terrre.

La marne est donc composée d'une terre anti-acide, dont les parties sont aisément séparées par l'eau, & attirées jusqu'à un certain point par ce fluide, lors même qu'il ne les dissout point, & d'une très petite quantité de matiere huileuse.

Il y a un corps très ressemblant à la marne en apparence ; mais qui en est fort différent quant à ses effets. On le trouve souvent dans la même couche que la marne. Il est d'une couleur plombée & noirâtre ; & au-lieu de fertiliser la terre, il rend les meilleures mêmes incapables de produire aucune sorte de végétaux pendant plusieurs années. J'ai vû des morceaux de terre, où l'on en avoit mis, tout-à-fait stériles trois ans après ; j'ai ouï dire même qu'en d'autres endroits ces mauvais effets duroient encore plus long-tems, & l'on ne fçait pas certainement quand ils doivent finir.

Un corps si pernicieux dans l'agriculture mérite bien d'être exactement dépeint & caractérisé, afin qu'on évite d'en faire usage. Il faut l'examiner avec soin pour reconnoître d'où provient sa mauvaise qualité, & comment on peut y remédier, quand il a été mis dans une terre.

Ceux qui ont le mieux connu la marne, ont déjà remarqué une différence entr'elle, & le corps dont il s'agit ici. Ils ont observé que la marne prend un certain poli, quand les ouvriers la travaillent avec leurs outils; ce que le dernier corps ne fait pas : mais cette qualité ne suffisant pas pour distinguer assez ces deux corps l'un de l'autre, recourons aux expériences, afin de le reconnoître encore plus sûrement.

Exp. 23. Qu'on prenne de cette mauvaise terre, une motte qui n'ait pas été long tems exposée à l'air, on verra qu'elle a un goût tout à fait différent de la marne; au lieu que la marne a un goût doux & onctueux, l'autre corps a un goût acide & tres-astringent.

Ce corps ressemble à la marne en ce qu'il tombe en poussiere au fond de l'eau; mais même alors il differe notablement en ce qu'il n'excite aucune fermentation avec les acides,

& qu'il n'en détruit pas l'acidité.

Il rend fe firop de violettes rouge, ce qui montre qu'il contient un acide; au lieu que la marne, comme toutes les terres abforbantes, lui donne une couleur verte.

Ces qualités fuffifent pour apprendre aux cultivateurs à diftinguer de la marne ce corps pernicieux & à l'éviter. Effayons maintenant de découvrir de quels principes dépend fa mauvaife qualité : car fi nous pouvons en connoître une fois la nature, peut être trouverons-nous quelque remede à y apporter; outre que toutes les recherches de cette nature conduifent toujours directement au vrai fyftème de la végétation. Les végétaux, comme les fubftances animales, font également connoître leur nature par leurs mauvaifes & par leurs bonnes qualités,

D'après mes expériences fur le tuf, j'ai penfé que la mauvaife qualité du corps, que nous examinons, pouvoit venir de ce qu'il contiendroit quelque fel martial. J'ai donc dirigé vers cet objet mes expériences.

Exp. 24. J'en ai infufé dans l'eau chaude. L'eau prit une couleur verdâtre, un goût affez acide, & une qualité très aftringente. Il donna au firop de violette une couleur rouge-pâle. L'huile de tartre par défaillance que j'y mis goute à goute, n'y caufa aucune effervescence sensible, mais elle en sépara quelques bulles d'air, le décolora & en précipita une poudre d'un rouge-pâle. Je mis de cette poudre dans un creuset, & la laissai sur le feu pendant une demi heure. Je n'en retirai qu'une très-petite quantité, qui même étoit mêlée avec quelques parties de la matiere du creuset ; cependant l'aiman en attira quelques particules, preuve qu'elles contiennent du fer. La liqueur évaporée me donna un tartre vitriolé.

L'infusion pure ne changea point de couleur quand j'y mis de la noix de galle : mais ce n'étoit pas une preuve que la liqueur ne contenoit aucun sel martial ; car un seul acide détruit cet effet de la noix de galle, & nous avons déjà vû que cette liqueur en contenoit quelqu'un. Pour détruire cet acide, je versai de l'huile de tartre par défaillance, dans le mélange de l'infusion & de la noix de galle. Il prit aussitôt une couleur brunâtre ; il se fit une précipitation abondante, qui en vingt-quatre heures devint de couleur de pourpre.

Je fis bouillir dans l'eau une certaine quantité de cette terre pendant une demi-heure. Je la passai & l'évaporai. Il me resta une substance saline blanche, dans la proportion de six grains pour chaque once, & qui avoit précisément le même goût que le sel martial. Cette substance saline dissoute dans l'eau donna au sirop de violette une couleur verte, comme fait le sel de Mars, & prit une couleur noire foncée avec les noix de galles : preuve suffisante que c'étoit un sel martial. Et sa couleur ne peut faire ici une objection ; car le sel de Mars réduit en poudre par la trituration, l'évaporation, &c. est blanc, & le mien étoit en poudre.

Il paroît donc hors de doute que cette substance est composée d'un corps terreux, semblable à l'argille, avec un quatre vingtieme de sel martial, & une très-petite quantité d'acide vitriolique. D'autres expériences, que j'ai faites, m'ont appris que les mauvais effets de ce corps ne viennent point de cet acide vitriolique, principalement parce qu'il paroît y être très-volatil ; & d'un autre côté nous avons déjà reconnu la pernicieuse qualité du sel martial. On ne doit pas être surpris que ce corps agisse ici avec tant d'efficacité, si l'on considère en quelle quantité on le jette sur les terres, & combien il contient de sel : le sol doit en être entierement imprégné.

Mais comment corriger cette mauvaise qualité, si par méprise on venoit à employer cette matiere ou quelqu'autre semblable ;

car le charbon de terre produit les mêmes effets par la même cause ? Il paroît qu'il n'y a point d'autre remede que d'en décomposer tellement le sel, que la partie ferrugineuse ne puisse plus se dissoudre dans l'eau. L'air en volatilisant les acides, & en séparant les parties de fer, produit peu à peu cet effet sur le sel martial dissous dans l'eau; mais dans le cas présent, l'acide ne pourra agir sur les sels, à moins que la terre ne soit fréquemment retournée; & même alors la plus grande partie du sel sera défendue par les parties huileuses de la terre. La marne me paroît le vrai remede : car cette terre absorbante ayant, avec l'acide vitriolique, une plus grande affinité que n'en a le fer, elle s'unira avec l'acide, séparera les parties de fer, & les rendra indissolubles dans l'eau, & par-là même incapables de pénétrer dans les vaisseaux des plantes. La plus grande partie des bons effets de la marne sur les terres, vient peut-être particulierement de celui-ci; c'est-à-dire, de la destruction d'un corps, qui proportionnellement à sa quantité, détruit toute végétation.

SECTION IV.

Des corps calcaires non brûlés, & de la chaux vive.

La craie est reconnue par la plûpart des Ecrivains comme un engrais propre aux terres humides & argilleuses. Ce corps divise la terre & l'attenue : il y produit des cavités & crevasses ; il la tient sèche, &, comme parlent les laboureurs, il l'adoucit. La craie la plus douce & la plus onctueuse est la meilleure. Les fermiers croyent qu'elle épuise extrèmement la terre ; & par cette raison, ils croyent communément qu'il faut en même-tems y mettre du fumier. La pierre à chaux en gravois est souvent employée comme engrais dans l'Irlande.

Ces corps calcaires ne se dissolvent que par les acides. Lorsqu'on les mèle avec eux, il survient une forte effervescence, la solution du corps se fait, & de leur union résulte un sel neutre. Ce sel neutre est toujours dissoluble dans l'eau, à moins qu'on ait fait usage de l'acide de vitriol.

Les pierres calcaires, quand elles ont passé par un feu ardent, se convertissent en chaux vive, matière dont les Laboureurs font souvent usage. Alors elles attirent les acides beaucoup plus fortement qu'elles ne faisoient auparavant; & peuvent jusqu'à un certain point, se dissoudre dans l'eau sans le secours des acides. Ce n'est pourtant pas de ces parties solubles que dépend la qualité qu'elles ont de fertiliser la terre : car elles n'y produisent aucun effet sensible, sinon qu'elles font mourir les vers la premiere année, où ces parties sont le plus solubles dans l'eau. Probablement la chaux n'est plus vive ni soluble, quand elle commence à agir sur la terre, & qu'elle y seconde la végétation. La chaux des vieilles maisons, & qui pour lors a perdu toute sa force, passe pour meilleure que la chaux vive toute fraiche.

Il y a une forte attraction entre la chaux vive & tous les corps huileux : elle s'unit immédiatement avec les huiles; c'est par cette raison qu'on s'en sert dans les manufactures de savon, pour procurer & conserver l'union des sels alkalis & des huiles. Elle doit donc attirer puissamment, tant de l'air que de la terre, les huiles qu'elle y trouve, les dissoudre, & les rendre propres à se mêler avec l'eau. Ainsi elle épuise promptement toutes les parties huileuses de la terre, si les Laboureurs ne prennent soin d'y suppléer

par

par le fumier & par les fubftances animales. L'expérience leur avoit appris que la chaux appauvrit les terres ; mais ils ignoroient comment elle produit cet effet : elle l'opere en épuifant les huiles de la terre. La chaux mife dans une terre épuifée par de continuelles récoltes, la détériore donc plûtôt qu'elle ne l'améliore ; parce que ne trouvant plus d'huiles fur lefquelles elle puiffe agir, elle agit fur la terre même, & l'affoiblit. Le meilleur remede contre cet inconvénient, c'eft de mêler du fumier avec la chaux, afin qu'elle trouve fur quoi agir.

La chaux eft un puiffant diffolvant de tous les corps, tant végétaux qu'animaux, mais fur-tout des derniers. On fçait avec quelle promptitude elle réduit les crins, les chiffons de laine en une fubftance pulpeufe. Cet effet eft fi prompt que dans le langage ordinaire on dit qu'elle les brûle. Elle opere affurément de la même maniere dans la terre, en y diffolvant toutes les fubftances animales & végétales, qu'elle change en nourriture des végétaux beaucoup plus vîte qu'ils ne pourroient le devenir fans cela.

Elle réfifte puiffamment à la putréfaction, ainfi que l'expérience le démontre. On a donc tort de mêler comme on le fait quelquefois, la chaux vive avec des fumiers, qui ne font point fuffifamment putréfiés, car elle les empêche de le pourrir davantage. Quand la putréfaction eft achevée, ce mélange peut produire plufieurs bons effets, & particulierement celui de fixer les huiles & d'en empêcher la volatilifation.

On a obfervé que la chaux s'enfonce toujours dans la terre ; de forte qu'en peu d'années on en trouve la plus grande partie fous terre à la profondeur de la charue; ce qui vient de fa gravité fpécifique.

Les Laboureurs ont encore obfervé que durant les trois premieres années, la chaux produit de meilleurs effets dans les terres légeres & poreufes, que dans celles qui font plus fortes & plus denfes ; mais ce terme paffé, fon opération s'affoiblit. L'air pénetre plus aifément les fols légers ; & comme les bons effets de tous les engrais dépendent de l'air, fon influence doit être plus grande dans les terres poreufes que dans celles qui font plus compactes ; mais auffi les terres légeres étant plus poreufes, la chaux paffe promptement à travers.

SECTION V.

Des végétaux tant dans l'état naturel que dans un état de putréfaction, & des tas de fumier.

Nous allons passer maintenant aux engrais tirés du regne végétal. Tous les végétaux, exceptés quelques-uns qui sont pernicieux, nourrissent les plantes. La poudre de dreche est regardée comme engrais excellent : l'écorce d'arbre & la scieure sont recommandées par quelques Ecrivains : Columelle nous apprend que les Anciens jettoient sur leurs terres les lies d'huile d'olive, & trouvoient qu'elles y faisoient beaucoup de bien. Et assurément il n'est point étonnant que les sucs des végétaux déjà préparés par une sorte de coction, deviennent un aliment pour d'autres végétaux. Mais il faut beaucoup de tems avant qu'ils puissent être réduits en parties assez déliées & assez fines pour pouvoir entrer dans les vaisseaux des plantes. La putréfaction est le moyen le plus prompt & le plus efficace pour y parvenir. On voit par là pourquoi la chenevotte, ou partie ligneuse du lin, ne produit pas de bons effets sur les terres : c'est que les sucs en ont déjà été extraits par la putréfaction que le lin a éprouvé lorfqu'on l'a rouï, & qu'il n'y refte plus que la terre.

Les differentes efpeces d'herbes marines font auffi fort bonnes pour les terres, surtout lorfque ces herbes font d'un tiffu doux & pulpeux, & fe diffolvent aifément : d'ailleurs il n'y a point de plantes qui contiennent autant de fel & d'huile à proportion de leurs parties terreufes. Les fels y font en fi grande abondance, que l'algue, quoique très-feche, ne brûle pas aifément : car tous les fels, excepté le nitre, font, comme on fçait, ennemis du feu. On a remarqué que les huiles s'y trouvent auffi en grande quantité, & c'eft ce qui fait que cette plante, malgré fes fels, fe pourrit fi promptement. Ses cendres font compofées de parties à peu près égales de fel alkali, de fel marin, d'une fubftance huileufe, & de terre.

Le fumier a été probablement le premier engrais employé par les Laboureurs, parce que tous les végétaux fe convertiffent d'eux-mêmes en fumier, & que le hazard en aura fait connoître plûtôt les bons effets. C'eft maintenant l'engrais le plus ufité. La maniere dont il fe forme eft donc un objet digne de notre attention, & peut ouvrir des vûes utiles fur ce qu'on doit obferver en faifant les tas de fumier.

La putréfaction eſt définie par les Chymiſtes un mouvement interne des parties d'un corps, par lequel l'union, le tiſſu, la couleur, l'odeur & le goût de ce corps ſont détruits.

Il n'y a point de changement plus commun dans la nature, que le paſſage des corps d'un état ſain à un état de corruption. Tous les végétaux acides, aceſcens, alkaleſcens, auſteres, aromatiques, inſipides, froids ou chauds, y ſont ſujets, & finiſſent ordinairement par ſe corrompre. Les alkaleſcens tels que les oignons, le celeri, &c. tendent immédiatement à la putréfaction ſans paſſer par les deux autres fermentations ; mais les aceſcens peuvent recevoir d'abord la fermentation vineuſe, & en général ils paſſent d'eux-mêmes par l'aceteuſe avant la putride. Les animaux ſont continuellement menacés de putréfaction, & ils y tombent dès que la mort empêche la circulation & l'admiſſion de ſucs frais. Les animaux & les plantes alkaleſcentes manquant de l'acide qui abonde dans les plantes aceſcentes, ont une forte tendance à la putréfaction, qu'on ſçait être arrêtée ou prévenue par les acides. Après les excrémens qui y ſont déjà dans un haut dégré de putréfaction, le ſang eſt de tous les fluides du corps, le plus aiſé à ſe putréfier ; après le sang c'est l'urine, & ensuite les solides.

La putréfaction ne s'opère que par le concours de trois causes, l'humidité, la chaleur & l'admission de l'air étranger. L'humidité est nécessaire pour amollir les fibres des plantes, & les rendre susceptibles d'un mouvement interne : c'est pourquoi la paille sèche ne se pourrit point. La chaleur est aussi nécessaire pour exciter le mouvement interne, qui constitue la putréfaction. Le froid, qui arrête ce mouvement, est ennemi de la putréfaction. Il faut encore que l'air extérieur s'insinue dans les parties du corps, qui se pourrit, parce que le mouvement interne ne commenceroit point sans le secours de l'air. C'est par cette raison que les corps qu'on empêche d'éprouver le contact immédiat de l'air extérieur, soit en les tenant dans un récipient pompé, ou en les couvrant de graisse, sont préservés de corruption.

Outre la sécheresse, le froid & le manque d'air, plusieurs autres choses résistent encore à la corruption. Mais il n'y a aucuns corps qui y soient plus contraires que les sels en général, soit l'alkali, soit le neutre ou l'acide, & sur tout ce dernier.

Le siege propre, ou le sujet de la corruption, paroît être dans les parties mucilagineuses ou huileuses : car plus un corps contient de ces parties, plus il se corrompt promptement, toutes proportions gardées. Ainsi l'eau remplie des parties mucilagineuses d'une terre grasse, se corrompt plus vite que celle qu'on tire d'un sol sablonneux.

Le progrès naturel de la putréfaction dans les végétaux s'opère de cette maniere. Ils commencent par s'échauffer au centre, & rendent une odeur forte & acide, qui provient de la fermentation acéteuse. La chaleur augmentant, cette odeur se dissipe, & il lui en succede une très fœtide. Leur couleur, si elle étoit claire, devient noire; & plus la putréfaction avance, plus cette couleur noire devient foncée; ils perdent leur goût distinctif, & en prennent un désagréable & cadavereux. Leurs fibres, qui avoient un certain dégré de fermeté, le perdent promptement. Il ne subsiste plus d'adhérence entre les petites parties dont elles sont composés, & elles se changent en une pulpe putride. Telles sont les circonstances générales dont la putréfaction est accompagnée.

Si après la putréfaction on examine les végétaux par la voie de la chymie, ils donnent des principes très différens de ceux qu'ils donnoient auparavant. Leurs sels de fixes qu'ils étoient, deviennent alors volatils, & leurs huiles plus volatiles & plus fœtides qu'elles n'étoient d'abord. L'odeur fœtide des corps putréfiés doit être attribuée aux huiles fœtides & volatiles qui s'en exaltent continuellement; cette grande volatilité de leurs fels & de leurs huiles, vient de ce que ces deux fubftances font alors plus atténuées qu'elles ne l'étoient auparavant.

Il n'eft pas facile de dire comment la Nature produit ces changemens. L'explication la plus commune & la plus plaufible, c'eft que les petites particules d'air qui fe trouvent renfermées en grande quantité dans tous les corps, s'échappant des fibres des végétaux amollis par l'humidité, & étant fans ceffe agités par la chaleur & par les continuelles altérations de la preffion de l'atmofphere, excitent un mouvement interne dans le corps. Ce mouvement occafionnant un frottement continuel entre les fels, les huiles & les parties terreufes de la plante, doit les brifer, les atténuer & exciter un grand degré de chaleur. Les parties huileufes, altérées par la chaleur, acquierent une odeur fœtide, & en s'uniffant avec les particules d'air qui s'echappent du corps putréfié, elles deviennent plus volatiles, & affectent le fens de l'odorat. Il eft aifé de voir que le mouvement interne doit détruire toute l'adhérence des fibres & de leurs parties, & qu'ainfi elles doivent fe convertir en une fubftance pulpeufe. Les huiles & les fels ayant entre eux une liaifon & une affinité naturelle, doivent s'unir enfemble, & par conféquent ceux-ci emportés par la volatilité naturelle des huiles, doivent devenir volatils, de fixes qu'ils étoient auparavant.

Cette théorie, ou explication de la putréfaction, eft tout-à fait plaufible, quoiqu'elle foit encore, car il faut en convenir, fujette à plufieurs objections. En effet la chaleur & le poids de l'atmofphere, doivent faire fur les corps que l'on conferve par le moyen de l'huile, autant d'impreffion que s'ils n'en étoient pas enduits. D'ailleurs on ne voit pas que les végétaux, qui font plus fujets que d'autres à fe corrompre, contiennent plus d'air que ceux qui font moins fujets à la putréfaction. Enfin l'air fixe des végétaux n'eft point chaffé par la chaleur, & l'on n'apperçoit ici aucune caufe qui le mette en liberté. Il eft difficile de trouver quelque chofe de certain dans ces obfcures fpéculations. Pour moi, il me femble que le premier moteur de la putréfaction eft le feu élémentaire renfermé dans tous les corps, lequel eft mis en mouvement par la chaleur extérieure de l'atmofphere. Ce mouvement détache les parties & les fépare; l'air fixe devenant alors élastique, brise les vaisseaux des plantes.

On voit bien plus aisément le but & la fin que l'Auteur de la nature s'est proposés dans la putréfaction, que les moyens qu'il employe pour l'opérer. Si les végétaux n'étoient détruits que par une force extérieure, la plûpart de leurs parties resteroient dans leur premier état, & par conséquent seroient un poids inutile dans la nature; & s'ils étoient détruits par une fermentation intérieure, mais sans que leurs parties se volatilisassent, ces parties, auxquelles ils auroient été réduits, seroient continuellement détachées de la terre par les pluyes, & entraînées dans la mer; & par conséquent elles ne pourroient être que d'une médiocre utilité pour la nourriture des plantes.

Le seul système convenable étoit donc celui que nous voyons s'exécuter. Les huiles & les sels, de fixes qu'ils sont, deviennent volatils, s'élevent dans l'air, & en retombent pour fertiliser la terre d'où ils venoient d'être enlevés. La corruption est donc la mere de la végétation, & ne pouvoit l'être que de la maniere qu'elle l'est. Ainsi quoiqu'elle paroisse un mal dans la nature, dont elle nous montre la destruction; quoiqu'elle soit très-désagréable aux sens, & souvent préjudiciable à la santé, elle est néanmoins d'une utilité beaucoup plus grande que les deux autres fermentations, en ce qu'elle nous procure la nourriture dont nous avons besoin, & forme ce cercle admirable, que la nature parcourt sans cesse par l'ordre de son grand Auteur & constant Conservateur.

Les substances putréfiées sont toutes de nature alkaline; il est vrai que le sel alkali y est souvent tellement invisqué de parties huileuses, qu'il a peine à fermenter avec les acides. C'est ce qui a fait que quelques Auteurs ont avancé, que les substances putréfiées n'étoient point alkalines : assertion contraire à l'expérience. On sçait avec quelle facilité une chaleur modérée éleve les sels volatils des corps putréfiés. S'ils n'existoient pas, cette chaleur ne les produiroit point, mais elle suffit pour les élever quand ils sont une fois formés. La fiente de pigeon étant le fumier le plus fort (car les substances végétales & animales deviennent égales quand elles sont putréfiées) on y trouve plus de sels alkalis que dans tous les autres. J'ai vu la superficie de cette fiente couverte d'un sel blanc, qui avoit une odeur aussi forte que le sel volatil de corne de cerf; & si l'on se sent les yeux mouillés quand on entre dans un pigeonnier, c'est parce que l'air y est rempli de sels picotans qui voltigent. Les substances bien pourries fermentent avec les acides. M. de Reaumur parlant de feuilles de vignes qu'il avoit amassées pour les faire pourrir, dit, que quand elles eurent été pourries jusqu'au point où elles perdent leur nom, elles fermenterent vivement & subitement avec les acides qu'il versa dessus : au lieu que l'esprit de nitre versé sur des feuilles seches ou qui ne faisoient que commencer à se pourrir, n'y produisit aucune fermentation sensible. Cette expérience met absolument la question hors de doute.

Les Laboureurs ont découvert par un long usage, que les fientes de divers animaux différent beaucoup, quant à la quantité qu'il en faut employer, & quant aux terres où il convient d'en faire usage. Il faut une plus petite quantité de fiente de pigeon que de toute autre; & l'on ne doit gueres l'employer que dans les terres froides & humides. La fiente de cochon & de brebis semblent, par expérience, devoir être préférées à toute autre. Ces différens effets dépendent des différentes quantités d'huiles & de sels volatils que ces fientes contiennent; & ces huiles & ces sels eux-mêmes dépendent des différentes nourritures des animaux, du tems qu'elles séjournent dans leurs intestins, de la nature des sucs qui s'y mêlent avec les alimens, enfin de la chaleur naturelle de leurs corps.

Faisons ici quelques observations pratiques sur la maniere de faire les tas de fumier; car c'est un objet de la plus grande importance, & sur lequel les Fermiers paroissent fort peu instruits.

Les végétaux secs ont besoin d'un dégré considerable d'humidité avant qu'ils puissent pourrir. Je suis persuadé qu'on tient ordinairement les tas de fumier trop secs : on les met communément sur des hauteurs & ils sont eux-mêmes très-élevés. Des fonds, des trous qui retiennent l'humidité conviennent bien mieux. L'excès d'humidité n'est pas moins préjudiciable. Pour remédier à cet inconvénient, il sera bon de pratiquer à côté des tas de fumiers, des trous dont le fond soit revêtu de terre glaise, où l'eau qui est de trop puisse s'écouler, & d'où l'on puisse la rejetter sur le fumier quand on le jugera à propos.

La situation ordinaire des tas de fumier a encore un autre inconvénient : c'est que les sucs des fumiers, dissous par l'eau, sont continuellement emportés par les pluyes, & que par conséquent les alimens des végétaux se trouvent perdus pour la plus grande partie, ou même tout-à-fait. C'est donc un mauvais conseil que celui du Journal Oeconomique de placer les tas de fumier sur des pentes. Une fosse, ou large trou dont le fond soit revêtu de terre glaise est plus favorable à la putréfaction.

Le soleil & le vent emportent les sels & huiles volatiles, & le trop grand air retarde plûtôt la putréfaction qu'il ne l'accélere. Je crois donc qu'il seroit fort à propos de mettre le fumier à l'ombre & de l'environner d'arbres. Cette situation renfermée & humide hâtera la corruption.

J'ai vu des Fermiers qui recommandoient de couvrir de terre les tas de fumier, afin d'empêcher les parties volatiles de s'échapper ; mais comment le faire, quand on a tous les jours de nouveau fumier à ajouter au tas ? Il est vrai que le fumier pourriroit plûtôt, mais aussi on perdroit l'influence de l'air, qui seul le rend propre à nourrir les plantes. Les effets de l'air sur les tas de fumier doivent être considérables, car le fumier est très-poreux. Je conviendrois plus aisément avec ces Fermiers d'une autre observation ; sçavoir, qu'il est bon d'y laisser un libre accès aux vents de Nord & d'Est, surtout pendant l'hyver. Nous verrons par la suite qu'on a découvert par expérience que ces deux vents, principalement en hyver, sont plus impregnés que tout autre de la nourriture que l'air fournit aux plantes.

La putréfaction se fait ordinairement avec lenteur ; ce qui fait que souvent une grande partie du fumier est tirée du tas, avant d'être entierement pourrie, & qu'ainsi elle n'est pas suffisamment préparée pour les végétaux. Il ne seroit donc pas inutile d'accélerer la corruption, si l'on connoissoit quelque moyen de le faire aisément. Or il y a des levains pour la fermentation putréfactive comme pour la fermentation vineuse. Stahl nous assure qu'un corps en pourriture la comunique facilement à un autre, qui en seroit exempt, parce que celui qui éprouve déjà ce mouvement interne de ses parties, occasionne facilement la même agitation dans l'autre corps, qui, quoiqu'en repos, ne laisse pas d'avoir une tendance vers ce mouvement.

Les substances animales déjà pourries, telles que les urines, fientes, carcasses d'animaux, &c. sont les vrais fermens putrides. Si l'on conduit le pissat des chevaux & des bêtes à cornes dans des réservoirs, qu'on l'y laisse fermenter quelque tems, & qu'ensuite on le jette sur le tas de fumier, la fermentation s'y fera plus promptement.

Les corps putréfiés sont d'une nature trèsvolatile, de forte que s'ils restent exposés à un air sec & chaud, leur volume diminue considérablement jusqu'à ce que toutes les parties volatiles étant emportées, il ne reste plus qu'une terre très-absorbente. D'où l'on doit conclure que les tas de fumier ne doivent pas être gardés long tems après qu'ils ont été suffisamment putréfiés, & qu'il ne faut pas laisser le fumier sur la superficie de la terre dans un tems chaud, comme on fait souvent, mais qu'on doit labourer aussitôt, si le fumier y a été mis par un tems sec. Quelques Fermiers assurent, d'après plusieurs observations qu'ils en ont faites, que le fumier quand il a été étendu cinq ou six semaines sur la superficie de la terre, la fertilise beaucoup plus que quand on la laboure aussitôt après pour y mêler le fumier. Si cette observation est vraie, l'hyver & le printems seront les saisons les plus propres à étendre les fumiers. Un léger labour, après qu'on a mis le fumier, sembleroit le meilleur moyen de se procurer les avantages & d'éviter les inconvéniens de l'une & de l'autre méthode.

La vase des étangs & le limon des fossés doivent être mis au rang des corps putréfiés, parce que ces matieres sont composées de terre & de parties de végétaux putréfiées.

SECTION

SECTION VI.

Des engrais tirés des végétaux brulés.

Tous les végétaux réduits en cendres par l'action du feu, fournissent beaucoup de nourriture pour les plantes, & spécialement pour l'herbe : car leur action étant très-prompte, elle se fait remarquer plutôt sur les herbages que sur les terres à bled. La chymie nous apprend que ces cendres sont composées d'une terre indissoluble & d'un sel alkali ; & que ce dernier corps attire les acides plus puissamment qu'aucun autre. Les cendres de fougere contiennent plus de sel qu'aucun végétal qui me soit connu. On en tire un sixieme de sel alkali : elles sont donc les plus propres pour cet usage. Aux manufactures d'alun, près de Scarboroug, le rebut de ces cendres, après qu'on en a tiré presque tout le sel, est encore acheté par les fermiers 2 liv. 4. s. la charrettée. Les rebuts des manufactures de savon & des blanchisseries sont aussi de très bon engrais. Les cendres de tourbe, desquelles on se sert ordinairement, ne donnent gueres qu'un trente-deuxieme de sel, & sont les plus foibles que je connois.

Nous ne devons point oublier ici l'usage de mettre le feu aux mottes de gason ou superficie de la terre ; ce qu'on pratique pour améliorer les terres maigres. Les Laboureurs croyent que par cette opération on chasse un suc âcre, que la terre a contracté, en restant long-tems sans être labourée. Ils recommandent surtout cette pratique pour cette sorte de terre ; car ils s'accordent tous à dire qu'elle est préjudiciable aux bonnes. Mais je crois que l'utilité de cette pratique vient plutôt des sels alkalis qu'on exalte en brûlant les racines des plantes ; car les Laboureurs recommandent de ne point faire pénétrer le feu plus loin que ces racines ; & on a éprouvé que plus il y a de racines, ce qui arrive dans les terres qui sont restées long-tems sans être labourées, plus le feu y fait de bien.

Il y a encore un autre engrais, que le feu nous procure, & dont nous ne devons pas manquer de parler dans cette Section à laquelle il appartient ; c'est la suye. On a trouvé par des expériences de chymie, que la suye est un composé de sel alkali volatil, d'huile & d'un peu de terre. Ses effets sont très-prompts ; ils se font sentir aussitôt après les premieres pluyes.

SECTION VII.

Des engrais tirés des substances animales.

Toutes les substances animales fertilisent prodigieusement la terre; tels sont le sang, les tripes, les urines, &c. parce que ces matieres se pourrissent aisément. Comme nous avons déjà parlé des fientes, nous n'en dirons rien ici. Mais il y a d'autres substances animales, telles que les cornes, les crins, cheveux, soies, laines, &c. que leur texture ferme paroît rendre moins propres à se pourrir. Toutes ces matieres contiennent une grande quantité de substances mucilagineuses & gélatineuses, dissolubles dans l'eau, d'une nature savoneuse, & composées, à ce qu'il paroît par les expériences chymiques, de sels & d'huiles intimement unis, & qui demandent beaucoup d'eau pour être dissous. Cette substance mucilagineuse doit donc être une nourriture propre aux plantes.

On attribue ordinairement l'action de ces engrais à la propriété qu'on leur suppose de s'imbiber de rosée, & d'entretenir de l'humidité dans la terre. Mais les chiffons de laine, à cause de leur substance huileuse, repoussent plutôt l'humidité qu'ils ne l'attirent : & s'ils ne servoient qu'à attirer l'eau, & entretenir de l'humidité dans la terre, les chiffons de linge y feroient autant de bien ; ce qu'ils ne font pourtant pas. Les chiffons de laine étant communément plus employés dans les terres crayeuses, qui sont naturellement séches, on s'est imaginé que c'étoit pour les rendre plus humides : mais ce dont ces terres ont le plus de besoin, c'est d'une substance mucilagineuse dont ces étoffes sont pleines.

Les coquilles, telles que celles des huîtres, des pétoncles, &c. doivent être comptées parmi les substances animales. Elles sont long-tems à se dissoudre ; mais on a observé qu'au bout de six ou sept ans, elles rendent la terre si tendre & si meuble, qu'il faut la laisser se raffermir pendant un ou deux ans, autrement elle ne pourroit soutenir les bleds. Cette expansion de la terre vient, comme on va le voir, de la force expansive de la marne coquillaire. Les différentes coquilles sont un composé de parties calcaires propres à être converties en chaux vive par le feu, & de parties d'huile animale.

Il faut examiner ici le corps appellé marne coquillaire, qu'on range communément, quoiqu'improprement, dans la claffe des marnes. On devroit plutôt le mettre parmi les coquilles; car ce n'eft proprement qu'un amas de coquilles putréfiées C'eft une fubftance blanche & légere: elle a de l'odeur, & paroît aux yeux compofée d'une multitude de petites coquilles. Elle fe rencontre ordinairement à un ou deux pieds de profondeur, dans les terreins bas qui ont été autrefois fubmergés. J'ai trouvé dans un étang un des animaux qui vivent dans ces coquilles. Ils font fort rares maintenant; mais ils doivent avoir été ici très-communs. Il paroît qu'ils ont été détruits dans la plûpart des pays par quelque fléau général, dont l'efpece a été affligée. Les terres que ces eaux ont dépofées, auront enfeveli ces coquilles à cette profondeur.

Exper. 25. Quand on verfe de l'eau fur ce corps, il l'attire & la fuce avidement: il fe gonfle comme une éponge, & s'amollit; mais il ne tombe pas en poudre comme la marne. C'eft à caufe de cette qualité que toutes les coquilles, foit qu'on les jette en terre déjà pourries, foit qu'elles s'y pourriffent, rendent la terre fi meuble & fi fpongieufe.

Je n'ai pû y découvrir aucun fel, malgré les différentes expériences que j'ai faites pour cela. Il fermente vivement avec les acides, & il eſt ſix fois plus de tems à les ſaouler qu'aucune des marnes que j'ai vûes.

Il donne par la diſtillation, comme toutes les ſubſtances animales, un eſprit urineux alkali, & une huile du genre des peſantes.

Quand il eſt calciné dans le feu, il ſe convertit en chaux vive. Toutes ces expériences font voir clairement que ce corps eſt une écaille animale putréfiée, que l'eau diſſout aiſément, & qui attire puiſſamment les acides.

TROISIEME PARTIE.

PREMIERE SECTION.

Effets de différentes ſubſtances par rapport à la végétation.

Nous n'avons parlé juſqu'ici que des engrais & amendemens que le haſard a fait connoître comme utiles à la végétation, & dont on ſe ſert dans la pratique, parce qu'on peut ſe les procurer aiſément & à bon marché. Mais outre ces engrais connus, il peut y avoir d'autres matieres qui, ſans être en aſſez grande quantité pour que les laboureurs les employent, pourroient produire des effets considérables sur la végétation, & par conséquent aider à découvrir la nature des nourritures végétales. Plus on connoît les effets des différens corps sur les plantes, plus on a droit d'espérer qu'on pourra parvenir à sçavoir avec quelque certitude quels en sont les alimens; c'est du moins la seule voye qui puisse y conduire. Dans cette pensée, je fis l'expérience suivante.

Exper. 26. Le 2 de Mai 1755, je pris de la terre vierge sur un côteau escarpé, & qui n'avoit jamais été ni fumé ni labouré. J'en remplis plusieurs pots, que je plaçai dans mon jardin, après avoir mêlé avec cette terre vierge les matieres que je vais indiquer. Chacun des pots contenoit environ 6 livres de terre. Je semai dans chaque cinq grains de la même orge; & pour m'assurer que tous les grains étoient bons à semer, je ne pris que ceux, qui, jettés dans l'eau, tomberent à fond. N°. 1 ne contenoit que de la terre vierge pure, & devoit me servir de régle pour juger des autres. N°. 2 fut toujours arrosé avec une eau salée. N°. 3 contenoit, outre la terre, une once de salpêtre & deux onces d'huile d'olive. N°. 4, une once de salpêtre. N°. 5, une once de tartre vitriolé. N°. 6, une once de fleur de soufre. N°. 7, une demi-once d'esprit de corne de cerf. No. 8, deux onces d'huile d'olive. No. 9, un demi-gros d'esprit de nitre dissout dans l'eau. No. 10, un gros de sel de mer. No. 11 ne contenoit que de la terre pure, & cinq grains d'orge trempés pendant seize heures dans une forte lie de fiente de poule & de salpêtre.

Le 9. Mai, quand j'allai voir mes pots, no. 1 & 2 avoient chacun une plante, qui commençoit à sortir de terre. No. 6 en avoit deux plus grandes & plus hautes que les deux premieres. No. 8 en avoit cinq, chacune desquelles étoit haute de trois à quatre pouces.

Le 11 Mai no. 1 avoit toutes ces cinq plantes sorties de terre, & d'environ un demi-pouce de haut. No. 2 en avoit deux de la même hauteur. No. 3, 4 & 5 en avoient chacun une qui commençoit à paroitre. No. 6 en avoit quatre de trois à quatre pouces de haut. No. 8 en avoit cinq d'un pouce de haut. No. 9 en avoit deux qui commençoient à pointer. No. 10 n'en avoit aucune. No. 11 en avoit quatre. Quelques-uns de ces mêmes grains semés dans le terreau du jardin à côté des pots, étoient de trois à quatre pouces de haut.

21 Mai, il y eut quatre ou cinq jours de pluye suivi de beau tems. No. 1 avoit cinq

plantes de quatre pouces de haut. N° 2 de même. N°. 3 en avoit quatre de trois pouces de haut. N°. 4 en avoir cinq d'environ deux pouces. Celles du n°. 5 étoient hautes de trois pouces. N°. 6 en avoit cinq égales au n°. 1 & 2. N°. 7 en avoit deux d'environ un pouce. N°. 8 en avoit six d'un demi pouce, & d'une mauvaise couleur. N°. 10 en avoit une d'un pouce. N°. 11 en avoit cinq qui étoient les plus belles de toutes.

1 Juin, N°. 2 étoit le plus beau de tous; ses plantes étoient de cinq pouces de haut & d'un verd foncé. N°. 11 en approchoit le plus par la hauteur & la couleur, & ne leur cédoit gueres. N°. 6 en approchoit assez pour la hauteur, mais il avoit plusieurs feuilles pâles. N°. 3, 4 & 5 avoient environ cinq pouces, & étoient de la même couleur. N°. 7 n'avoit qu'un pouce de haut & plusieurs feuilles pâles. N°. 10 avoit trois plantes d'un pouce de haut.

Le 10 Juin N°. 2 encore le plus beau. N°. 6 presque tout pâle. N°. 7 entierement. N°. 9 & 10 plantes maigres & malades.

18 Juin, N°. 2 le plus beau encore & dix-neuf tiges. N°. 11 en approchoit le plus près & avoit dix tiges. N°. 1 n'étoit pas si haut, mais il avoit treize tiges, N°. 3 venoit après. N°. 6 presque mort. N°. 7 tout-à-

fait mort, N°. 8 & 9 tous deux égaux. N°. 10 le moindre de tous.

16 Août, N°. 1 avoit dix-sept épis. N°. 2 dix neuf. N°. 3 treize. N°. 4 quinze. N°. 5 vingt-neuf. N°. 8 neuf épis, & très gros. N° 9 vingt, & gros. N°. 10 avoit environ un pied de haut, & quatre ou cinq épis longs d'un pouce seulement. N°. 11 en avoit dix-huit, tous très bons.

J'ai rapporté cette expérience avec fidélité & en détail, comme il convient à quiconque en fait : car on devroit toujours rapporter les faits séparément & les distinguer des raisonnemens, parce qu'on peut se tromper dans ceux-ci, au lieu que ceux-là sont la vérité même. J'aurois souhaité de répéter ces expériences, sur tout dans une terre plus maigre, & avoir un fonds plus considérable, afin de raisonner en conséquence, car il y a toujours du danger à le faire d'après une expérience seule ; mais on doit se souvenir que celles dont il s'agit ici ne se peuvent faire qu'une fois par an. Je vais donc tâcher de tirer quelques Corollaires de celle que je viens de rapporter.

Corollaire I. La terre vierge prise à un pied de la superficie d'un coteau, exposée au nord, contient une grande quantité de principes végétatifs. Les Laboureurs se sevent de cette terre comme d'un bon engrais, & ils obfervent que la terre vierge paroît donner aux terres plus de fertilité qu'elle n'en a elle même.

Cor. 2. Le grain paroît venir mieux quand il a été trempé dans la fiente & dans le falpêtre. C'eft un fait obfervé depuis longtems, que le grain devient plus fort, qu'il pouffe plus vite, & qu'il eft moins fujet à la nielle & aux brouines, quand il a été trempé dans des liqueurs qui contiennent du fel & de l'huile, tels que l'eau de la mer, l'urine, &c. Il importe certainement beaucoup de quels fucs les vaiffeaux des femences ont été remplis d'abord, fi ç'a été de fucs humides & aqueux, ou de fucs forts & nourriffans. C'eft une des principales raifons pour lefquelles un tems fec eft plus propre pour les femailles. Car quand la terre eft feche, les fucs qui alors imbibent la femence font forts & nourriffans, au lieu que dans un tems pluvieux ils font détrempés avec une trop grande quantité d'eau, & la jeune plante en eft affoiblie. En faifant tremper les grains dans ces préparations, on remplit leurs vaiffeaux d'huiles & de fels qui leur donnent de la vigueur, & leur font pouffer beaucoup de racines, d'où dépend la nutrition des plantes. Le vrai moyen de rendre un homme fort &

vigoureux, c'est de lui donner dans l'enfance de bonne nourriture.

Cor. 3. Les eaux dures & crues, telles que celles qui ont une certaine âcreté ou amertume, fournissent aux plantes une nourriture abondante. Cette assertion contredit l'opinion commune ; car les Jardiniers ne se servent jamais de ces eaux quand ils peuvent en avoir de douces ; & s'ils soupçonnent que leurs eaux soient telles, ils tâchent de les adoucir, autant qu'il est en eux, en les laissant quelque tems exposées au soleil ; en quoi même ils se trompent : car la chaleur du soleil peut bien rendre plus âcre ou plus amere l'eau qui l'est déjà, mais elle ne sçauroit adoucir une eau qui, par elle même, a beaucoup de crudité, d'âcreté & d'amertume. Ces qualités dans l'eau dont j'ai fait usage, & même dans toutes les eaux semblables que j'ai vûes, venoient, ainsi que je m'en suis assuré par l'expérience, d'un acide de nitre joint à une base de terre absorbante. La base de l'eau employée dans mon expérience étoit une terre calcaire : dans la plûpart de ces eaux, c'est seulement une terre absorbante.

Cor. 4. L'huile d'olive dans la proportion d'un gros à trois livres de terre, parut produire d'abord de bons effets, mais ces effets diminuerent dans la suite: cependant les épis furent bons, quoique en petit nombre. Seroit-ce que l'huile étoit en trop grande quantité, ou qu'elle n'avoit pas été assez atténuée par les sels dans la terre, & qu'ainsi elle ne pouvoit pénétrer dans les pores des racines ? Ou bien n'avoit elle pas eu assez de tems pour s'incorporer avec la terre ? Ce sont là des questions que je ne puis résoudre.

Cor. 5. Il paroît que le salpêtre en proportion d'une once à six livres de terre, retarda plûtôt qu'il ne favorisa la végétation. J'en fus très-surpris, parce qu'on croit communément que le nitre contribue beaucoup à fertiliser les terres, & qu'il est même la cause propre de leur fertilité. Je ne crois pas l'avoir employé en trop grande quantité dans mon expérience. Le cas qu'on en fait pour la fertilisation des terres doit rendre douteux l'effet qu'il m'a paru produire. Il faudroit, pour s'en assurer, un plus grand nombre d'expériences.

Cor. 6. Il ne paroît pas que j'aye augmenté les effets végétatifs du nitre en y ajoutant deux fois autant d'huile d'olive. L'huile d'olive semble pourtant avoir mieux réussi avec le nitre que sans lui. Les sels l'auront peut-être atténuée, & préparée par-là à entrer plus aisément dans les vaisseaux des plantes.

Cor. 7. Le tartre vitriolé, qui eſt une compoſition d'acide de vitriol & d'un ſel alkali, paroît avoir aidé puiſſamment la végétation. Un Gentilhnmme voulant détruire de l'herbe qui pouſſoit dans ſa cour, on lui conſeilla d'y répandre de l'huile de vitriol, comme très contraire à la végétation; il le fit, mais à ſon grand étonnement l'herbe vint plus forte qu'auparavant.

Cor. 8. Le ſel marin dans la proportion d'une once à ſix livres de terre, paroît très-préjudiciable à la végétation. La plûpart des Laboureurs le recommandent comme un bon amendement, quoiqu'il y en ait qui doutent de ſes bons effets. Peut-être eſt-il utile lorſqu'on l'employe en petite quantité, ſurtout s'il a quelque amertume; car cette amertume vient d'un mélange d'acides vitrioliques, d'une baſe d'abſorbens & d'une huile bitumineuſe, deux matieres dont chacune favoriſe la végétation. Le ſel dont j'ai fait uſage étant du ſel de table, il ne pouvoit s'y trouver que très-peu de l'une & de l'autre.

Cor. 9. L'acide de nitre ſemble avoir d'abord retardé la végétation, peut être parce qu'il n'étoit point ſuffiſamment uni avec les parties abſorbantes de la terre; mais il paroît qu'enſuite il a contribué conſidérablement à faire croître les plantes.

Cor. 9. L'esprit de corne de cerf (qui est un sel volatil) dissout dans l'eau, paroît avoir été un poison pour les jeunes plantes.

Cor. 11. Il paroît que la fleur de soufre favorise d'abord la végétation des plantes, mais qu'elle les fait périr comme un poison dans l'espace d'un mois. On répand assez communément de cette matiere sur les graines de navet avant de les semer, & l'on croit qu'elle contribue à les faire croître & à préserver leurs feuilles contre les mouches. Est-ce que j'en aurois employé une trop grande quantité dans cette expérience ? Les plantes ont donc leur poison comme leur nourriture. Le soufre artificiel, qu'on tire de plusieurs plantes en les brûlant, & qu'on trouve en grande quantité dans les cendres de savoniere & autres qu'on employe dans les blanchisseries, auroit-il le même mauvais effet que le soufre naturel ?

Après avoir fait cette expérience, je reconnus qu'il y avoit une grande différence entre la maniere dont je m'y étois pris, & le cours ordinaire de la nature dans ces opérations. J'avois mêlé tout à la fois avec la terre les matieres dont je voulois découvrir les effets sur la végétation ; mais dans le cours ordinaire de la nature ces matieres ne sont mêlées avec la terre que par dégrés & en petite quantité. A la vérité la terre qui a resté quelque tems en jachere, & qui par conséquent a récouvré, du moins en partie, les principes de végétation, se trouve à peu près dans le même état que celle que j'ai employée dans mon expérience, quoiqu'elle ne soit pas impregnée d'autant de principes de végétation que l'étoit la mienne quand je l'eus mêlée avec ces différentes matieres. Outre cela la premiere terre reçoit sans cesse de nouveaux secours pour végéter. Afin donc d'approcher de plus près du cours de la nature & de fournir les matieres à mesure que les plantes croîtroient, je fis l'expérience suivante.

Exper. 27. Je remplis six pots d'une terre maigre & légere. Chaque pot contenoit cinq livres de terre, & cinq grains de bon orge. N°. 1 n'avoit que de la terre pure, sans aucun mélange. N°. 2 fut arrosé d'une dragme de salpêtre, dissout dans trois onces d'eau. N°. 3 avec la même quantité de sel de mer. N°. 4 avec la même quantité de sel d'epsom qui est composé de l'acide de vitriol & d'une terre appellée magnésie blanche. N°. 5 avec deux dragmes de la composition suivante, dissoute dans de l'eau: une demi-once de chaux vive saoulée d'un foible esprit de nitre, ce qui produit une liqueur très caustique. N°. 6. avec deux dragmes de la composition précé-

précédente, mêlés avec une dragme d'huile d'olive. Ce dernier mélange me parut approcher de plus près de la nourriture naturelle des végétaux. Je semai mes grains d'orge le 16 Juin 1756, excepté n°. 6 que je ne semai que le 19 du même mois. Je semai aussi quelques grains de la même espece dans du terreau de jardin à côté des pots.

23 Juin. N°. 1 avoit une plante d'un demi-pouce de haut. N°. 2 en avoit une d'un pouce, & une autre qui commençoit à pointer. N°. 3 n'en avoit point. N° 4 en avoit quatre, deux desquelles étoient hautes d'un pouce. N°. 5 n'en avoit point. N°. 6 en avoit trois d'un pouce.

27 Juin. N°. 1 en avoit quatre de deux pouces & demi. N°. 2 en avoit quatre. N°. 3 en avoit deux, dont la plus haute étoit d'un pouce. N°. 4 en avoit cinq de deux pouces. N°. 5 n'en avoit aucune. N°. 6 en avoit quatre de la même hauteur que n°. 4 Celles du terreau de jardin avoient trois pouces & demi.

4 Juillet. N°. 2 plus haut & plus verd que n° 1. N°. 4 & 6 égaux à n°. 2.

10 Juillet. N°. 2 le plus beau. N°. 6, après. Ensuite n° 4. Puis n°. 1 & 3. N°. 5 avoit une plante de trois pouces.

15 Juillet. N°. 1 quatre de ces cinq plan-

tes avoient des feuilles jaunes & pâles. N°. 2 & 6 étoient les plus hautes, & d'un verd plus foncé. N°. 3 & 4 égaux. N°. 5 une plante foible de six pouces. Il avoit fait chaud pendant dix jours. Ajouté alors au n°. 2, 3 & 4 une dragme de plus de l'un & de l'autre sel, & aux n°. 5 & 6 la même quantité des mêmes mélanges.

24 Juillet. Il plut pendant cinq jours. N°. 2 & 6 étoient d'environ quinze pouces, & de plus belle venue que tous les autres, surtout n°. 6 N°. 4 venoit après, & avoit douze pouces de haut. Puis n°. 3 qui avoit neuf pouces. Ensuite n°. 1. N°. 5 n'avoit qu'une plante d'environ douze pouces de haut. Celles du jardin avoient près de deux pieds, & avoient poussé plusieurs tiges.

19 Août. Pendant les quinze jours précédens pluye froide avec des vents d'Est. N°. 6 étoit le plus haut, & d'un verd plus foncé, par conséquent le plus beau. Le reste comme ci-devant. Ajoutez la même quantité de sels & de drogues qu'auparavant.

Premier Septembre. Il avoit fait un bon tems chaud. Les plantes étoient dans le même état que ci-devant.

26 Septembre. N°. 1 avoit dix épis, & le plus gros portoit vingt grains. N° 2 en avoit douze, le plus gros étoit de vingt-

quatre grains. N°. 3 au deſſous de n°. 1. N°. 4 avoit treize épis, le plus gros étoit de vingt grains. N°. 5. n'avoit qu'un épi qui n'étoit pas auſſi mûr, & dont les grains étoient plus petits que les autres. N°. 6 avoit ſeize épis, dont la plûpart étoient de vingt-quatre grains : il avoit un double épi qui en portoit quarante. Pluſieurs des épis du jardin avoient juſqu'à trente deux grains.

Tirons maintenant quelques corollaires de cette expérience.

Cor. 1. Le ſel marin mis en petite quantité & par degrés dans une terre maigre, paroît plus préjudiciable qu'utile. On ne ſçauroit conclure de cette expérience quel effet il produiroit ſur une terre remplie de particules huileuſes.

Cor. 2. Le ſalpêtre adminiſtré de la même maniere ſeconde puiſſamment la végétation, & paroît avoir rendu la terre capable de produire un quart de plus.

Cor. 4. Le ſel d'epſom employé de même, eſt, à peu de choſe près, égal au ſalpêtre, par rapport à la nutrition des plantes. L'expérience précédente m'avoit aſſuré des bons effets de l'acide de vitriol ſaoulé de ſel alkali : celle-ci me fit connoître que le même acide ſaoulé d'une terre abſorbante, augmente la fertilité. C'eſt delà que j'ai conclu dans la Part. II, Sect. III, que la marne ajoutée au même acide, après que les parties nuisibles de fer en ont été séparées, est plutôt utile que préjudiciable aux terres.

Cor. 4. La chaux vive saoulée d'esprit de nitre en petite quantité, & bien dissoute dans l'eau, paroît avoir arrêté le pouvoir végétatif de la terre. Seroit-ce que j'en aurois trop mis, ou qu'il ne trouva point dans ma terre, ce qui n'est pas moins nécessaire que lui même à la végétation, une juste proportion de parties huileuses, que la Nature fournit toujours dans la même proportion qu'elle fournit les sels? A en juger par le corollaire suivant, il semble que cette derniere raison est la véritable.

Cor. 5. La précédente liqueur mêlée & bien battue avec moitié huile d'olive, paroît avoir augmenté presque de moitié la fertilité de la terre.

Cor. 6. Aucune des drogues dont je fis usage, ne put donner à la terre maigre que j'avois employée la fertilité de la bonne terre de jardin; & cela n'est point étonnant. Dans le terreau des jardins les sels & les huiles sont très-atténués, proportionnés convenablement, bien mêlés ensemble par la longueur du tems, & par conséquent préparés à entrer dans les petits vaisseaux des racines. D'ailleurs la terre de jardin, par le mélange des matieres qui s'y pourriſſent, étant dans un état continuel de fermentation, les racines des plantes y pénetrent plus aiſément, pour y chercher leur nourriture.

Comme la chaux n'agit ſur la terre que quand elle eſt éteinte & qu'elle a perdu ſa force, j'ai voulu voir quels effets elle produiroit étant, dans cet état, ſaoulée d'acide de nitre, quoique les expériences ſemblent montrer que le produit eſt le même, ſoit qu'elle ſoit éteinte ou vive. Je pris donc une demi-once de vieille chaux de mur, & je la ſaoulai d'eſprit de nitre.

Exp. 28. Le 15 Juillet 1756 je remplis deux pots de la même terre dont j'avois fait uſage dans l'expérience précédente, & en même quantité. Je ſemai trois grains d'orge dans chaque pot; n°. 1 ne contenoit que de la terre ſeule; N°. 2 fut arroſé d'une dragme de cette ſolution bien délayée.

25 Juillet, N°. 1 avoit trois plantes chacune d'un pouce de haut. N°. 2 n'en avoit qu'une, de la même hauteur.

19 Août. N°. 2 n'en avoit qu'une, mais d'un verd plus foncé qu'aucune du N°. 1. J'ajoutai au N°. 2 la même quantité de la ſolution que ci-deſſus.

26 Septembre, N°. 2 d'un verd plus foncé

avoit plus de rejettons & un épi plus long qu'aucun du N°. 1.

Je ne puis décider si ma composition rendit la terre meilleure ou moins bonne ; car d'un côté une seule des semences poussa, & de l'autre la plante que cette semence produisit étoit plus belle, plus forte & plus touffue qu'aucune de celles de la terre pure. Il paroît au moins que cette composition n'eut pas les mauvais effets de l'esprit de nitre & de la chaux vive de l'expérience précédente. D'où vint cette différence ? Fut-ce de ce que la chaux étoit vive dans l'autre expérience, & éteinte dans celle ci ? Ou de ce qu'en celle-ci elle étoit en moindre quantité ? Je pencherois plûtôt pour ce dernier sentiment, parce que l'expérience nous fait voir que ces deux mélanges sont de la même nature.

Pour découvrir les effets de la même composition sur le terreau de jardin, je fis l'expérience suivante.

Exp. 29. Le 14 Juillet 1756 je remplis deux pots, chacun de cinq livres de terreau. Je semai quatre grains d'orge dans chaque pot, & j'arrosai le n°. 1 avec une égale quantité de la solution employée dans l'expérience précédente. Le 20 Juillet il se trouva trois plantes dans chaque pot. Celles du n°. 2 étoient plus hautes que celles du n°. 1. Le 13

Août les plantes du n°. 1 étoient plus hautes que celles du n°. 2, mais aucune d'elles n'étoit de belle venue, soit parce qu'elles avoient été plantées trop tard, ou parce qu'elles étoient dans un coin où deux hayes assez hautes venoient se joindre & les empêchoient de recevoir de l'air. Je retirai les pots & les plaçai dans un endroit plus découvert. Le premier Septembre n°. 1 avoit une plante plus haute & plus verte que n°. 2. Les plantes avoient crû plus promptement qu'auparavant. Le 30 Septembre les plantes ne vinrent point à maturité.

Cor. 1. Les plantes dans les deux dernieres expériences ne végéterent pas dans le même espace de tems aussi promptement qu'avoient fait celles de l'expérience précédente. Le printems n'auroit il pas, par quelques causes particulieres, un pouvoir végétatif propre que l'été n'a point en un si grand dégré ? C'est ce qui m'a paru, quoique cette année là l'été eut été froid & pluvieux comme notre printems, & que la terre dans la derniere expérience fut très bonne, au lieu que dans la premiere elle avoit été prise au même endroit que celle de l'expérience précédente.

Cor. 2. Il semble que les plantes ont besoin qu'un air libre soit constamment appliqué à leur superficie. Aussi tous les arbres dans les taillis étendent leurs branches littéralement ou longitudinalement du côté où ils peuvent avoir le plus d'air. L'air agit il seulement sur leur surface, ou entre-t-il dans les vaisseaux de la plante? S'il y entre, n'a-t-il pas besoin pour y pénétrer d'une impulsion de l'air agité ? car la pression seule de l'air est toujours la même dans les hauteurs égales.

Cor. 3. Les plantes paroissent n'être ni améliorées ni détériorées par le mélange & addition des sels.

Voilà toutes les expériences que j'ai pu faire sur les effets des différens corps par rapport à la végétation. Cette matiere n'a point encore été traitée avec l'attention que mérite l'importance du sujet. Il est vrai qu'elle est d'une étendue immense, puisqu'elle comprend les opérations de tous les corps qui peuvent être assez diffous & attenués pour entrer dans les vaisseaux des plantes. Mais ce n'est que d'après un très-grand nombre de différentes expériences qu'on peut espérer de découvrir la vraie théorie de la végétation. J'aurois souhaité, avant que d'entreprendre ce sujet, d'avoir un plus grand nombre d'expériences & plus souvent répétées, afin que les conséquences que j'ai tirées fussent plus générales & plus certaines. Je les propose telles qu'elles m'ont paru résulter naturellement de mes expériences. Je laisse à chacun la liberté de juger quelle certitude elles méritent.

SECTION II.

De la nourriture des végétaux.

Nous allons examiner maintenant quelle est la nourriture des végétaux, question importante, souvent discutée, mais qui n'est point encore suffisamment éclaircie. On a même demandé si chaque plante n'a pas une nourriture propre & particuliere qu'elle choisit parmi les autres, par une faculté élective inhérente à ces racines. Ceux qui embrassent ce sentiment, s'appuyent sur l'utilité du changement d'espece; car si la même nourriture servoit à toute espece de grains, le même grain viendroit dans la même terre aussi bien qu'un autre. Or quoique la même terre ne puisse porter du froment deux années de suite, on voit que d'autres grains y réussissent. Ils remarquent que la nature & les propriétés différentes des sucs végétaux sont encore une preuve de leur opinion.

Ceux qui prétendent au contraire que tous

les végétaux ont la même nourriture, établissent ce sentiment sur les raisonnemens suivans. Plus, disent-ils, une terre est en rapport, quoique chargée successivement de différentes sortes de grains, plus elle s'épuise & devient hors d'état de produire. Or c'est ce qui n'arriveroit pas si les différentes plantes tiroient de cette terre une nourriture différente. Ils ajoutent que toutes les especes de plantes affament le bled, en enlevant pour elles mêmes une partie des sucs qui le nourrissent : qu'on auroit tort de laisser reposer la terre, puisqu'on a tant de sortes différentes de grains qu'on peut semer ; qu'il seroit fort inutile pour les plantes d'avoir un goût propre & particulier, puisqu'elles n'ont pas de mouvement local : que si le changement d'espece réussit, ce n'est pas que les plantes ne tirent de la terre d'autre nourriture que la leur propre, mais parce que les unes divisent & relâchent la terre, tandis que les autres la resserrent & la durcissent : que quelques-unes poussent de profondes racines en terre, tandis que les autres ne se répandent que peu au-dessous de la superficie : que si le froment ne réussit pas deux années de suite dans la même terre, c'est qu'il a besoin d'une nourriture plus abondante que cette terre n'en peut fournir, quoiqu'elle en ait assez pour d'autres grains : que d'ailleurs il ne resteroit point assez de tems pour labourer la terre, le froment se semant presqu'aussitôt après la moisson ; en un mot, que la différence des sucs des végétaux ne dépend pas de la différence de leur nourriture, mais de la structure particuliere des vaisseaux des plantes.

Cette derniere opinion paroîtra à tout le monde plus vraisemblable que la premiere, en ce que ceux qui la soutiennent pensent qu'une seule & même nourriture sert à tous les végétaux. Pour moi je suis d'un sentiment tout différent. Nous avons vu par les expériences de la derniere Section que le sel commun dissout dans l'eau, le sel d'epsom & le tartre vitriolé, sels très différens l'un de l'autre, nourrissent également les végétaux de la même espece : par conséquent les végétaux ne sont pas bornés à une seule espece de nourriture. On sçait que certains arbres contiennent de l'acide de vitriol, parce qu'on peut faire du soufre avec leur charbon. On sçait de même que certaines plantes contiennent un sel nitreux, au lieu que d'autres en contiennent un qui ressemble au sel marin. Quelques végétaux demandent une plus grande quantité d'eau, d'autres une plus petite. Leur nourriture n'est donc pas la même.

Thalés prétendoit que tout venoit de l'eau.

Van Helmont étoit du même fentiment, & il s'appuyoit fur une expérience que tout le monde connoît. Il planta un faule péfant cinq livres dans un pot rempli de terre feche, & il arrofa cette terre d'eau de pluye. En cinq ans le faule, fans compter les feuilles qui en étoient tombées, péfoit 164 livres, fans que la terre eût diminué de poids. Inférer de là que l'eau élémentaire eft la nourriture des végétaux, ce feroit tirer une conclufion trop forte. Tout ce que prouve cette expérience, c'eft qu'il y a dans l'eau des parties capables de nourrir les plantes. Nous avons fait voir plus haut que la neige & l'eau de pluye contiennent de la terre, de l'huile, de l'air, & par conféquent les fels qui s'y trouvent toujours.

D'autres croyent que les parties terreufes font celles qui nourriffent les plantes. Le célebre Tull étoit de ce fentiment, parce que, difoit-il, la terre les fait croître, & que tout ce qui les fait croître doit être leur nourriture. Selon lui, le fumier & autres engrais n'agiffent que par voye de fermentation, ils ne fervent qu'à atténuer la terre & à divifer la nourriture des plantes : la terre feule ne fçauroit agir : elle a befoin de quelque principe plus actif. Si Tull avoit été Chymitte, il auroit fçu que la terre ne fait que la moindre partie de toutes les plantes. Elle ne prendroit jamais aſſez de conſiſtence pour former les végétaux, & dès qu'elle auroit été ſuffiſamment atténuée, les engrais ou amendemens ne ſerviroient plus à rien. D'ailleurs d'où viendroient les ſels & les huiles des plantes ? Voilà des objections auſquelles les partiſans de ce ſyſteme ne répondront jamais.

D'autres, voyant la néceſſité de l'air pour les plantes, & obſervant qu'elles en pompent une grande quantité pendant la nuit, comme les expériences du Docteur Hales l'ont démontré, ont prétendu que la terre ne fournit aux plantes qu'un ſoutien, & que l'air ſeul les nourrit. A ceux-ci il ſuffit de répondre en peu de mots, que les plantes valant mieux dans certains terreins que dans d'autres, & dans les mêmes à proportion des engrais qu'on y met, c'eſt une preuve déciſive que la terre fournit aux plantes leurs principales nourritures, car l'air eſt le même dans les terres qui tiennent les unes aux autres.

L'Auteur de l'hiſtoire phyſique forme toutes les plantes de certaines parties ſimilaires organiſées, qu'il ſuppoſe voltiger çà & là dans l'air en très-grande quantité, & qui s'attachent d'elles mêmes & d'une maniere qui nous est inconnue, à celles du même genre. Si cette opinion étoit vraie, le fumier fait de plantes de la même espece, devroit réussir mieux que tout autre, ce qui n'est pas. Laissons cette opinion, si peu digne d'un esprit philosophe, tomber d'elle-même, comme elle le doit faire naturellement, puisqu'elle n'est appuyée d'aucune expérience.

D'autres enfin attribuent la végétation aux différentes especes de sels. Mais d'où viennent ces sels, & quelle en est la nature ?

C'est un défaut ordinaire que dans toutes les disputes chacun s'attache à un parti, sans vouloir reconnoître rien de vrai dans le parti opposé. J'ai trouvé au contraire par expérience qu'ordinairement chaque parti a du vrai : & qu'une des sources les plus communes de nos erreurs c'est qu'on veut donner pour vérité générale une vérité particuliere ; le vrai résulte des vérités particulieres qui se trouvent dans chaque sentiment. Ceux qui ont raisonné sur l'Agriculture se sont trompés, parce qu'ils ont prétendu que les plantes tirent leur nourriture ou de l'air, ou de l'eau, ou des sels, exclusivement. Je me réunis en quelque sorte avec eux tous : car je pense que les plantes sont nourries par tous ces corps joints à deux autres, l'huile & le feu, dans un état fixe. Ces six principes unis ensemble constituent, selon moi, la nourriture végétale.

Il est aisé de le voir quand on considere, 1°. que les diverses sortes d'engrais tels que les cuirs, cheveux, crins, rognures de corne, chiffons, tous les végétaux & tous les sucs des végétaux dans un etat sain, sont des alimens propres aux plantes. 2°. Que tous les végétaux & tous les sucs de végétaux donnent précisément ces principes & non d'autres, dans toutes les expériences chymiques qu'on a faites avec le feu ou sans feu. Nous pourrions en apporter plusieurs autres preuves, mais ces deux sont suffisantes.

L'air fixe ou en action se trouve par-tout, à moins qu'on ne prenne beaucoup de peines pour le chasser. Le feu élémentaire se trouve de même dans tous les corps. La terre peut être fournie aux plantes par tout terroir préparé avec le soin convenable. L'eau tombe des nues. L'huile est un principe naturel de toute sorte de terres ; elle descend avec les pluyes & les neiges, & elle est communiquée à la terre par tous les engrais tirés du regne végétal & du regne animal, soit dans un état sain, soit dans un état de corruption, ainsi que nos expériences l'ont fait voir. Mais d'où vient le sel, le principe de tous, le plus actif, & par conséquent le plus nécessaire? On ne l'a point encore découvert, même dans les meilleures terres, ni dans les amandemens dont on fait le plus d'usage, comme la chaux, la marne, les coquilles, la craie, &c. C'est une question importante, qui peut nous faire connoître l'action de tous les amandemens, & de la bonne terre, & nous apprendre en quoi consiste l'effet de l'air : elle mérite une discussion particuliere.

Les expériences précédentes nous ont fait voir que toutes les bonnes terres & tous les amandemens, excepté ceux qui sont déjà convertis en une substance mucilagineuse, sont composés de particules, qui toutes ensemble, ou de moins en partie, attirent les acides. Le fumier, les cendres des végétaux, la terre brûlée, contiennent de ces particules: la chaux, la marne, les coquilles, la craie, &c. sont toutes de la même nature. Ces substances doivent donc attirer & retenir les acides, quand ils se trouvent dans la sphere de leur attraction. Par conséquent, supposé que l'air auquel la terre est sans cesse exposée contienne quelques acides, ces corps les attireront & les convertiront en une substance saline neutre, qui aura les propriétés du sel, c'est-à-dire, qui sera soluble dans l'eau, l'eau, qui diſſoudra les huiles, & les rendra capables de ſe mêler avec l'eau. Il ne reſte donc qu'une ſeule choſe à prouver, c'eſt que l'air contient un ſel acide.

Ç'a été l'opinion des plus grands Chymiſtes, & ils l'ont appuyée cette opinion, non ſur la théorie ſeule, mais ſur ce qu'ils ont remarqué, que les ſels alkalis ſe convertiſſent en ſels neutres, & que les métaux, tels que l'étain, le cuivre, le plomb ſe corrodent & ſe convertiſſent en un ſel. Si ce ſel exiſte, & quelle eſt ſa nature, c'eſt ſur quoi on peut s'éclaircir, en conſiderant de quelle maniere on fait le nitre ou ſalpêtre dans les manufactures. Les procedés qu'on y ſuit, nous apprendront en même-tems comment les divers amandemens agiſſent ſur les terres; car c'eſt des principaux amandemens qu'on fait uſage dans ces manufactures.

La matiere la plus commune dont on fait le nitre, & qu'on appelle par cette raiſon ſa matrice, ce ſont des décombres & platras de vieilles maiſons, particulierement de colombiers, étables & nefs d'Egliſe, de certaines terres graſſes, des cendres de végétaux brûlés, des ſubſtances animales & végétales pourries, & quelques eſpeces particulieres de pierres. On laiſſe ces matieres expoſées à l'air pendant quelques mois, ſur-tout en hyver : car c'est dans cette saison que le nitre se forme en plus grande abondance. La place où ces matieres sont exposées à l'air, est tellement disposée que l'air & les vents y ayent un libre accès, mais elle doit être à l'abri de la pluye & du soleil. L'air y est nécessaire, parce que c'est l'air qui forme le nitre, au lieu que le soleil le détruit en l'exaltant ou évaporant. Les pluyes & la sécheresse sont préjudiciables, parce que les pluyes l'emportent quand il est fait, & que la sécheresse en exalte les particules aussitôt qu'elles sont formées, & qu'elle arrête la fermentation nécessaire pour attirer le nitre, & lui ouvrir la matrice qui doit le recevoir. On a observé que les vents du Nord sont les plus propres pour la production du nitre. Dans les Indes, d'où nous vient presque tout le nôtre, on expose à l'air une espece particuliere de terre, mêlée avec des végétaux pourris; & c'est de-là qu'on tire le nitre. Tournefort rapporte dans le deuxieme volume de ses voyages, qu'ils apprirent de ceux de la caravane de Wan, ville de Turquie, sur les frontieres de la Perse, qu'on y ramasse soigneusement la poussière des grandes routes fréquentées par des caravanes de chameaux ; qu'on lave cette terre, & qu'on en tire chaque année environ cent quintaux de nitre.

Dans la manufacture de salpêtre de Paris, où l'on en fait une grande quantité, on expose des platras de vieilles maisons, mêlés avec des cendres de végétaux brûlés, aux influences de l'air pendant plusieurs mois; & on les humecte de tems en tems d'urine putréfiée. C'est de ces matieres qu'on tire le nitre. Lorsqu'on l'en a extrait, elles restent aussi propres qu'auparavant à en former de nouveau, & on les remet sur les tas : ce qui prouve que ce sel n'est pas le sel naturel de la terre, mais qu'il s'y forme pendant qu'elle est exposée à l'influence de l'air. Lorsque ces terres sont restées exposées à l'air pendant un tems suffisant, on les met dans des tonneaux : on verse de l'eau par dessus, & on les remue souvent avec l'eau, pour dissoudre les sels. Quand l'eau en a été assez impregnée, on la tire, & on y mêle de la chaux vive & des cendres de végétaux ou des sels alkalis: la chaux, afin de séparer l'huile d'avec le sel; & les cendres ou sels alkalis, afin de substituer une base d'alkali fixe à la base de terre. On y met des sels alkalis, jusqu'à ce que ces sels ayent donné à la liqueur une couleur de lait, & produit une précipitation. La précipitation finie, on transvase la liqueur, & on la fait bouillir.

Cherchons maintenant quelle est l'origine

du nitre. Les opinions sont partagées sur cet objet, & les Chymistes n'ont encore pû s'accorder entr'eux. Quelques-uns prétendent que le nitre est tiré & extrait de l'air, tel que nous le voyons : d'autres, qu'il est produit par les substances végétales & animales, ou par leurs sucs mêlés & pourris avec la terre nitreuse : ceux-ci, qu'il est formé de l'acide vitriolique, joint au phlogistique ou partie inflammable de ces substances : ceux-là, que l'acide de nitre est un acide qui differe du précédent, & qui est attiré par ces corps, qui ne sont proprement que sa matrice : examinons ces divers sentimens.

Le salpêtre est un corps artificiel, & jusqu'ici on n'en a point découvert dans les entrailles de la terre. Sur ce principe quelques Auteurs ont pensé que le nitre est absolument extrait de l'air par les matieres qu'on y expose : mais cette opinion paroît fausse, parce qu'on ne sçauroit tirer le nitre de ces matieres, qu'on n'y ait mêlé du sel alkali. L'acide existe bien dans ces matieres, comme je le ferai voir par la suite ; mais il faut lui donner une base artificielle d'alkali, avant que la cristallisation du nitre s'opere. D'ailleurs, le salpêtre de lui même n'est pas un corps volatil, & par conséquent il ne sçauroit flotter dans l'air. Le nitre de l'air qui s'attache aux vieux murs, est une substance très différente du nitre dont nous parlons ici. Il a des propriétés que l'autre n'a pas, telles que la volatilité & un goût calcaire.

M. Lemeri, dans les Mémoires de l'Académie des Sciences pour l'année 1717, soutient un sentiment qui, je crois, lui est particulier; sçavoir, que le nitre engendré vient des substances animales & végétales qu'on employe pour le faire. Les preuves qu'il produit en faveur de cette opinion sont tout-à-fait foibles. La principale, c'est, ce me semble, qu'il a tiré un sel nitreux de quelques végétaux. Il est vrai que certains végétaux contiennent, dans leur état naturel, un sel inflammable, qui paroît avoir plusieurs propriétés du nitre. Tels sont le chardon bénit, le concombre sauvage & la parietaire. M. Boilduc, dans les mêmes Mémoires pour l'année 1734, dit qu'il a extrait du vrai nitre d'une décoction de bourrache, surtout quand il y eut ajouté de la chaux vive pour fixer davantage les particules huileuses, afin que les sels se cristallisassent. Il ajoute qu'une moisissure qui se forma d'elle-même sur la décoction, après avoir été gardée quelque tems, brûla comme l'huile & le nitre. Mais tout cela ne prouve nullement que le nitre vienne des végétaux qu'on employe pour le faire. Car toutes sortes de végétaux y sont également propres, même ceux qui contiennent un sel vitriolique. D'ailleurs le sel non fixe vient toujours de végétaux pourris, ou de quelques substances animales, ce que M. Lemery semble avoir oublié; & il est surprenant qu'un si habile Chymiste ait pu donner dans une erreur si grossiere. Ces substances végétales & animales, comme nous le verrons bientôt, agissent d'une maniere toute différente, c'est à dire, en fournissant une terre absorbante & un sel alkali volatil, & par-là aidant la matrice à extraire de l'air l'acide qui s'y trouve, & la tenant toujours ouverte à l'air par la fermentation qu'elles y occasionnent.

La troisiéme opinion que presque tous les Chymistes embrassent est, que les sels alkalis volatils produits par la fermentation des substances végétales ou animales pourries, & les parties terreuses absorbantes, qu'on employe comme matrice pour faire le nitre, attirent l'acidum vagum, ou acide vitriolique, dont l'air est rempli, & que cet acide se joignant à l'huile de la matrice & s'unissant avec elle, devient l'acide de nitre. C'est de cet acide universel, selon M. Homberg, que tirent leur origine l'acide nitreux & l'acide marin : car joint à une matiere inflammable, il donne l'acide nitreux, & joint à une matiere arsénicale, il devient acide marin. Les preuves qu'on apporte en faveur de cette opinion, sont, 1°. Qu'on employe pour faire le nitre des substances pourries, & que par conséquent l'huile doit se joindre à l'acide vitriolique. Mais cette conséquence ne sçauroit être accordée comme vraie, puisque les substances pourries peuvent avoir un autre usage, comme nous le montrerons par la suite, & l'on va voir tout à l'heure qu'on peut faire du nitre sans matiere huileuse. 2°. Que l'esprit de nitre est rouge, ce qui est, disent-ils, une preuve qu'il contient une substance inflammable : car c'est cette substance qui donne cette couleur à tous les corps. Mais nous connoissons beaucoup de corps qui ont cette couleur, sans qu'on ait jamais pu parvenir à faire voir qu'ils contiennent quelque huile. 3°. L'inflammabilité du nitre qu'il doit à son acide, prouve, disent-ils, qu'il contient un principe huileux, l'huile étant le seul corps inflammable que nous connoissions. Il est aisé de leur répondre que le nitre n'est point inflammable de lui-même, & qu'il ne le devient que quand il se trouve uni avec un corps inflammable. Cette preuve même se tourne en objection contre eux : car on peut leur répondre que le nitre s'enflamme avec tous les corps qui contiennent de l'huile ; &

que puisqu'il n'est point inflammable par lui-même, il ne contient par conséquent aucune substance inflammable.

Ceci nous conduit à l'examen de la derniere de ces opinions; sçavoir, que l'acide nitreux existe dans l'air & qu'il en est extrait. Ce sentiment, qui n'est suivi que par un petit nombre de Chymistes, me paroît le mieux fondé, quoiqu'il ne soit pas encore sans difficultés.

La premiere preuve sur laquelle on l'établit, c'est que les sels alkalis & les corps calcaires d'eux-mêmes & sans aucun mélange de matieres végétales & animales, produisent du nitre, ainsi qu'on le voit par l'expérience de Stahl, qui tira du nitre en exposant à l'air des sels alkalis: j'ai moi même tiré du sel de nitre de chaux prise des murs d'un parc. La seconde preuve, c'est qu'on le trouve actuellement existant dans la nature. Plusieurs eaux minérales contiennent un sel nitreux, ainsi qu'il paroît par les expériences de M. Duclos, faites en présence de l'Académie des Sciences de Paris. J'ai découvert aussi qu'il se trouve des acides nitreux dans toutes les eaux crues & dures, & que toutes celles des puits contiennent un acide nitreux joint à une base absorbante; lequel sel imparfait, pourvu qu'on y ajoute seulement un sel alkali, sera converti en nitre réel. Troisiemement, si l'on fait bouillir de l'eau crue & dure, ou qu'on l'expose à un grand dégré de chaleur, l'acide nitreux est réellement volatilisé, & la terre absorbante tombe au fond : ce qui prouve que l'acide nitreux est volatil & existe dans l'air. L'esprit de nitre fumant, s'évapore continuellement dans l'air. Ces expériences démontrent, ce me semble, incontestablement que l'acide nitreux distingué de l'acide vitriolique, existe dans l'air. Cet acide nitreux paroît être le principe fertilisant que nous avons d'abord découvert dans l'air.

Ce point établi, rendons raison des procédés qu'on suit dans la façon de faire le nitre. Toutes les terres n'y sont pas propres, mais seulement celles qui attirent les acides; c'est-à-dire, les terres absorbantes; sçavoir, la chaux, la marne, & autres absorbans ou substances végétales & animales, qui donnent une terre absorbante & un sel volatil. Presque toutes les terres contiennent plus ou moins de parties absorbantes. Ces terres absorbantes retiennent l'acide nitreux qui y entre avec l'air, ou le fixent & le recueillent quand il s'éleve des parties intérieures de la terre : car je ne suis point sûr qu'il ne s'en éleve pas, quoiqu'il ne monte jamais beaucoup au dessus. L'expérience de M. Mariotte en est une preuve. Il exposa la matrice du nitre pendant deux ans sur le haut d'une maison, & il n'en put tirer de nitre; au lieu qu'il en tira de la même matrice gardée dans un cellier.

Les urines & substances végétales & animales qui se pourrissent, sont d'une grande utilité : elles excitent un mouvement intérieur dans la masse terreuse : elles en tiennent les pores ouverts, & y donnent un libre accès à l'influence de l'air. Sans ces corps pourris, qu'on mêle avec la terre, elle auroit une adhérence trop forte : sa surface seule agiroit, au lieu que dans le cas présent c'est toute la masse qui agit. C'est à cela principalement que servent les substances animales & végétales, car je ne crois pas qu'elles entrent, comme quelques Chymistes l'assurent, dans la composition du nitre, puisqu'on peut faire du nitre en exposant les sels alkalis seuls à l'influence de l'air. Ces sels attirent les acides, & leurs parties sont d'un tissu si lâche qu'ils n'ont besoin d'aucune fermentation pour l'ouvrir. Le vent du Nord est particulierement propre à la formation du nitre, parce que ce vent porte avec lui une plus grande quantité d'acides nitreux; & c'est sur tout à cet acide qu'il faut attribuer le froid que ce vent nous fait sentir : je crois du moins la chose très-probable, quoiqu'elle ne puisse être démontrée. Les mois d'hyver y sont très propres, parce que le vent du Nord y souffle plus qu'en aucune autre saison ; & qu'alors il y a moins de chaleur pour exalter le nitre pendant qu'il se forme.

Voilà de quelle maniere la matrice est imprégnée de l'acide de nitre. Voyons maintenant ce que cette matrice contient. Nous en avons une analyse par M. Petit, de l'Académie des Sciences.

Il prit 50. livres de vieux platras qu'il fit tremper dans 72. livres d'eau ; ce qui donna une liqueur rougeâtre piquante & amere, qui étoit à l'eau commune comme 32 est à 31. Quand cette eau, à force de bouillir, eut été réduite à un extrait liquide, car elle ne durcit point, elle attira promptement l'humidité & redevint tout à fait liquide. Elle rendoit rouge le papier bleu, ne faisoit point effervescence avec l'esprit de nitre, ou l'esprit de sel marin ; & mêlée avec le premier, elle dissolvoit les feuilles d'or. L'huile de vitriol mêlé avec cette liqueur, causa une fermentation violente suivie de précipitation. L'huile de tartre par défaillance ne se mêla pas aisément avec cette liqueur, mais quand elle eut été remuée elle produisit un coagulum semblable au beurre, & qui avoit une forte odeur d'urine. Le sublimé mêlé avec l'huile de tartre ne rendit aucune odeur d'urine. Le coagulum étoit l'effet d'une séparation & précipitation d'une partie de la terre. L'esprit d'urine produisit le même effet; mais l'esprit de sel ammoniac fait avec la chaux ne le produisit point. Le papier gris trempé dans cette liqueur brûloit comme les allumettes. Ces expériences prouvent qu'elle contient une terre absorbante, du sel volatil, de l'acide de nitre, & du sel marin.

Il distilla cette liqueur pendant cinq jours, & elle ne donna qu'un phlegme chargé de beaucoup de bitume. Quand il y appliqua le feu le plus violent, des nuages blancs parurent dans le récipient, & ces nuages se condenserent en eau régale. Deux autres distillations lui donnerent de l'esprit de nitre. Quand il y eut ajouté de l'huile de vitriol, il se fit une ébullition violente; cette opération lui donna de l'eau régale: & avec la chaux vive il tira de l'esprit volatil d'urine en petite quantité. Il paroît encore que cette liqueur contient une substance huileuse, une matiere terreuse, un peu de sel volatil, de l'acide marin & une grande quantité d'esprit de nitre. Il n'est pas difficile de voir d'où venoit la matière inflammable & le sel volatil ; c'étoit des substances végétales & animales pourries, qui y avoient été mêlées. Le sel marin venoit de l'urine des animaux répandue sur la matrice du nitre ; mais il ne put jamais extraire de cette terre nitreuse du nitre réel. On ne peut en tirer qu'en y ajoutant un sel alkali en nature, ou contenu dans les centres des végétaux. On les ajoute ordinairement à la masse nitreuse avant d'y jetter l'eau ; sinon il faut y en mettre après.

L'effet qu'elles produisent est de s'unir à l'acide nitreux quand on y a ajouté assez d'eau pour les mettre en action. Car les sels alkalis attirent l'acide de nitre plus puissamment qu'une base terreuse, & chassent même la terre. C'est par cette raison que la liqueur en bouillant dépose beaucoup de cette terre. Il faut y mettre autant de sel alkali qu'il est nécessaire pour saouler l'acide nitreux & chasser la terre absorbante. Le sel alkali ne peut s'unir à l'acide marin, parce que celui-ci a déjà une base terrestre.

Si ces terres absorbantes attirent de l'air l'acide de nitre dans les manufactures, elles doivent assurément faire la même chose quand elles sont répandues sur la terre, & se convertir en ce même sel composé d'acide nitreux & d'une base absorbante. Ce n'est donc pas, comme on l'a cru, un nitre réel qui est la cause de la végétation, mais un sel nitreux imparfait. Cette idée est confirmée par ce que nous avons déjà vu dans les expériences précédentes, que ce même sel qui se trouve dans l'eau salée paroît favoriser puissamment la végétation; & qu'un sel artificiel de la même nature, composé avec la chaux & l'esprit de nitre, & joint à une quantité convenable d'huile, a rendu une terre maigre extrêmement fertile.

Si ce raisonnement est juste, les effets des divers amendemens doivent être d'autant plus grands, que les amendemens auront plus de force pour attirer les acides. Or c'est ce qui arrive réellement, & ce qui confirme par conséquent la vérité de notre conjecture: car la cendre a un effet plus prompt qu'aucun autre amandement, parce que les sels alkalis qu'elle contient attirent les acides plus fortement que ne fait aucun autre corps. La suie & le fumier viennent après; ce sont des alkalis volatils & leur attraction approche le plus de celle de la cendre: vient enfin la classe des terres absorbantes. On peut remarquer la même chose sur les marnes : car elles agissent sur la terre, chacune à proportion de la faculté qu'elle a d'attirer les acides; d'abord la marne coquillaire, puis l'argilleuse,

& enſuite la pierreuſe, qui reſte quelquefois quatre ou cinq ans dans la terre avant d'y produire aucun effet. Ces amandemens perdent leur efficacité dans la même proportion: ceux qui ſe convertiſſent plus promptement en ſel ſont auſſi les premiers épuiſés.

Il viendra naturellement à tout le monde une objection contre ce ſentiment, quoiqu'appuyé ſur des expériences ſi concluantes; c'eſt qu'on ne tire aucun ſel ſemblable des terres les plus fertiles. En général, ces parties abſorbantes ſont en ſi petite quantité dans les meilleures terres, & elles y occaſionnent une ſi légere fermentation, qu'il n'y a qu'un très-petit nombre de ces parties qui ſe trouvent ſur la ſuperficie & qui puiſſent ſe convertir en cette ſorte de ſels. D'ailleurs elles n'y ſont pas plûtôt converties, que quelques plantes les abſorbent. Cette obſervation fait aſſez voir qu'on ne doit gueres s'attendre à tirer du ſel nitreux d'aucune terre; mais qu'on en ait pourtant tiré quelquefois, c'eſt ce qu'on peut voir par ce paſſage de Bacon, *Hiſt. vit. & mort.* „ Il eſt très-
„ certain que toute ſorte de terre, pure &
„ ſans mélange des ſels ou acides nitreux,
„ quoique entaſſée & couverte de maniere
„ qu'elle ne puiſſe recevoir les rayons du ſo-
„ leil ni produire aucun végétal, attire le

„ nitre, & en amasse en assez grande abon-
„ dance.

Néanmoins presque tous ceux qui ont décomposé de la meilleure terre, nient qu'il s'y trouve de ce sel nitreux : recourons donc à l'expérience pour décider la question.

Exp. 30. Pour la mettre hors de doute, je pris une taupiniere de bonne terre au mois d'Octobre. Je versai de l'eau dessus & je filtrai cette eau à travers le papier gris. Cette liqueur, quand elle eut bouilli, se trouva jaune & d'un goût salé. Ce sel me parut visiblement nitreux ; car le papier gris trempé dans la liqueur & seché, brûla comme une allumette. Quand j'y mis de l'huile de tartre, la liqueur devint laiteuse, & il tomba au fond une poudre blanche ; preuve que ce sel est de la même nature que celui des eaux crues & dures. D'abord je ne pus tirer de sel par la cryftallifation, parce que la liqueur étoit très onctueuse & en petite quantité ; mais en m'y prenant comme font les ouvriers des manufactures de nitre par rapport aux matieres nitreuses, c'est à dire ; en mêlant avec la liqueur de la chaux vive pour séparer l'huile d'avec les sels & la laissant reposer quelques jours, j'en tirai de vrai salpêtre. Cette expérience fait voir à l'œil la partie saline de la nouriture végétale.

De

De tout ce que nous venons de dire nous pouvons conclure :

Coroll. 1. Que puisque la chaleur empêche la formation du nitre, en l'exaltant ; & que l'hyver & le printems sont les saisons les plus favorables à sa génération, c'est dans l'une ou l'autre de ces deux saisons qu'on doit répandre les fumiers sur les terres

Coroll. 2. Que ces amandemens tirant leur fertilité de l'action de l'air, plus ils restent exposés sur la superficie de la terre, plus ils doivent se convertir promptement en sels nitreux : c'est de quoi les Laboureurs sont convaincus par l'expérience. Mais les corps qui contiennent un suc nourricier déjà formé, tels que les chiffons de laine, les cheveux, crins, rognures de corne, le cuir, les scieures ; ou ceux qui existent déjà dans la forme de sel neutre, tel que le sel marin, ne peuvent recevoir aucune amélioration de l'influence de l'air. L'expérience a confirmé pareillement cette observation. Voilà de fortes preuves de la vérité de notre précédente conjecture.

Coroll. 3. Puisqu'on a observé que le vent du Nord porte le plus d'acide nitreux, il semble qu'on en doit conclure, que les hauteurs ou coteaux exposés au Nord en reçoivent davantage. Aussi a-t il été observé qu'ils font communément plus fertiles que ceux qui font exposés au midi ; mais les premiers n'étant pas aussi exposés au soleil que les derniers, ils doivent être d'un moindre rapport. Notre théorie de la végétation en rend suffisamment raison.

Coroll. 4. Il paroît par les opérations de la manufacture de nitre que toutes les terres absorbantes dont on fait usage dans l'agriculture, deviendroient plus propres à remplir l'objet qu'on se propose, si l'on y ajoutoit quelques substances végétales ou animales pourries, pour ouvrir le tissu de leurs parties & les rendre plus accessibles aux influences de l'air.

QUATRIEME PARTIE.

PREMIERE SECTION.

De la nécessité d'ouvrir & de pulvériser la terre.

Les soins du Laboureur ne doivent pas se borner à fournir de la nourriture aux plantes ; il faut encore qu'il les mette en état de chercher cette nourriture. Elle n'est d'aucune utilité pour les plantes, si leurs racines ne peuvent percer la terre pour y atteindre & s'en nourrir. Delà la nécessité d'ouvrir & de pulvériser la terre. Les plantes se nourrissent principalement par leurs racines : elles ne commencent même à croître que quand leurs racines sont assez fortes & assez nombreuses pour se nourrir elles-mêmes, & leur tige avec elles. Plus elles s'étendent, plus la plante reçoit de nourriture, plus elle devient forte & répond avec succès au dessein de la nature.

Mais ce n'est pas dans cette vûe seulement qu'on doit favoriser l'accroissement des racines. Elles paroissent encore par un autre endroit, être la principale cause de la fécondité des grains. Car non-seulement elles nourrissent les plantes, mais elles poussent elles-mêmes plusieurs jets ou tiges. Une petite partie de racine suffit souvent pour produire une plante. Il sort des racines de différens grains plusieurs tiges, long-tems même après que le grain est pourri. Plus il y a donc de racines, plus il y a de jets & de tiges : or, la quantité des racines paroît dépendre en partie du soin qu'on prend de pulvériser la terre.

Il est vrai que la terre peut aussi être trop divisée & trop meuble : car il faut qu'elle ait une certaine confiftence pour foutenir les plantes. Les terres fableufes ou graveleufes deviennent pires quand on les laboure fouvent ; & l'on a obfervé que les terres légeres, trop fumées, produifent des récoltes de pois moins abondantes, que quand elles ne font point fumées du tout ; mais ce défaut eft rare dans les terres. La trop grande denfité eft beaucoup plus commune & donne beaucoup plus de peine aux Laboureurs.

Voyons donc par quels moyens les terres font tenues meubles. Nous en diftinguerons de naturels & d'artificiels.

SECTION II.

Effets de l'Atmofphere.

LES viciffitudes ou changemens alternatifs de l'air, font les principaux moyens que la Nature employe pour parvenir à cette fin. Le froid & le chaud, la féchereffe & l'humidité, refferrent & dilatent la terre alternativement ; & par ces mouvemens alternatifs en ébranlent & féparent les parties. Mais il n'y a point de moyens plus efficaces que la gelée & le dégel. Il n'eft prefque personne qui n'ait observé combien la terre est meuble après les gelées : on voit même plusieurs végétaux jettés alors hors de terre. Or il paroit que la gelée agit de plusieurs manieres ; 1°. en mettant dans un état d'élasticité une partie de l'air fixe, qui divise & sépare les parties de la terre pour se faire une issue ; 2°. par la dilatation de l'eau, qui en se gelant dans la terre, doit en désunir les parties adhérentes entr'elles ; 3°. les parties de l'eau en s'échappant de la terre à la maniere des sels, doivent la fendre & la diviser.

Coroll. Afin que la terre puisse recevoir tous les bons effets de la gelée, il paroit convenable de lui donner un labour avant que les gelées commencent. Une seule façon alors la pulverisera plus que deux après les gelées ; mais il faut toujours avoir égard au climat ; car dans les pays où il tombe beaucoup de pluyes pendant l'hyver, cette pratique deviendroit préjudiciable, en exposant la bonne terre à être emportée par les eaux.

SECTION III.

Du changement des especes.

IL y a des plantes destinées par l'Auteur de la Nature à resserrer & à raffermir la terre, & d'autres à l'ouvrir & à la diviser. Les plantes à racines fibreuses se partagent en petits filets ou radicules, qui s'étendent dans toutes les directions, mais surtout horisontalement. Les plantes à pivot poussent perpendiculairement une grande tige, accompagnée de radicules latérales. Les premieres, dans laquelle classe on met tous les grains, tels que le seigle, &c. consolident la terre, au lieu que les autres, parmi lesquels on range les plantes légumineuses, les carottes, navets, &c. divisent & atténuent extrêmement la terre. Souvent même les trefles sont jettés tout-à-fait hors de terre après la gelée.

Cet effet provient de la nature des racines. Les racines fibreuses doivent lier & resserrer la terre comme autant de petites cordes ; au lieu que les plantes pivotantes s'enfoncent dans la terre comme des coins, & par cette force méchanique l'ouvrent & la divisent. Peut-être ces dernieres plantes operent-elles encore, en donnant par leurs racines plus d'humidité à la terre, qu'elles tiennent par-là beaucoup plus meuble. Il paroît que quelques-unes ont cette propriété. Un pied de mente qui a une partie de ſes racines dans l'eau & les autres en terre, humecte la terre par ces racines, ſelon l'expérience de Tull. Les plantes légumineuſes, en couvrant la terre de leurs feuilles, la tiennent humide, empêchent le ſoleil de la conſolider, & détruiſent les mauvaiſes herbes qui la reſſerrent : c'eſt par cette raiſon que le changement d'eſpece améliore les terres. Quand une terre eſt ſouvent enſemencée de bleds & autres grains, elle ſe condenſe trop. Une récolte de pois, de feves, de navets, l'atténue & la pulvériſe.

Les Fermiers ont appris par expérience que toutes les plantes à racines fibreuſes appauvriſſent la terre, & qu'elles réuſſiſſent mal, quand elles ſe ſuccedent immédiatement les unes aux autres. Au contraire les plantes à pivot fertiliſent la terre, & elles peuvent être ſemées avec ſuccès les unes après les autres. C'eſt que ces dernieres, en ouvrant la terre, donnent un libre paſſage à l'air pour y pénetrer plus avant, & par conſéquent favoriſent la production de la nourriture végétale : au lieu que les premieres, en consolidant la terre, empêchent en partie l'influence de l'air, & rendent le sol moins fertile.

Il a été observé que non seulement le changement d'espece, mais même celui du grain est necessaire : le même grain semé dans la même terre y dégénere. Ceci vient d'une autre cause. Il arrive sans doute rarement que la nourriture végétale se trouve mélangée dans toutes les proportions qu'il faudroit, & qu'elle ait précisément la consistance qui conviendroit le mieux. Les terres étant ordinairement trop séches ou trop humides, trop légeres ou trop compactes, la nourriture végétale doit être aussi trop légere & trop humide, ou trop épaisse & trop gluante. Les végétaux doivent donc souffrir de recevoir toujours la même sorte de nourriture, & ne peuvent se réfaire que dans une terre qui ait des qualités opposées.

SECTION IV.

Des Labours.

LE labour est la méthode artificielle de pulvériser la terre, la plus connue & la plus pratiquée. Le labour produit cet effet de deux manieres, 1°. par une diviſion méchanique immédiate & une trituration de la terre; 2°. en l'expoſant plus ſouvent & avec plus d'étendue, à l'influence & aux viciſſitudes de l'atmoſphere. Je crois même que c'eſt en cette derniere opération que conſiſte le principal avantage du labour : car un inſtrument auſſi groſſier que la charrue, paroît peu propre de lui-même à préparer la terre à entrer dans les vaiſſeaux capillaires des plantes; cependant ſes effets ſont très-remarquables. Nous les voyons parfaitement bien repréſentés dans l'hiſtoire que Pline raconte de C. Furius Creſinus. Ce Laboureur ayant toujours de plus belles récoltes que ſes voiſins, fut ſoupçonné de magie, accuſé devant le peuple, & près d'être condamné à mort. Quand les Tribus furent aſſemblées pour donner leurs ſuffrages, il leur montra tous ſes inſtrumens de labourage, beaucoup plus grands que ceux des autres, un coutre plus large, une charrue plus peſante; & il ajouta ces paroles remarquables: " Romains, voilà ma magie, & je ,, ne puis produire ici mes travaux, mes ,, veilles & mes ſueurs". Il fut renvoyé abſous d'une voix unanime.

Les bons effets des labours dépendent de la ſéchereſſe de la terre, car ſi elle eſt imbibec d'eau, elle se consolide, au lieu de se diviser, & reste dans cet état jusqu'à ce que les gelées de l'hyver l'atténuent & la pulvérisent. Les corps secs sont les seuls qui puissent se réduire en poussiere.

Les Laboureurs doivent ouvrir la terre à la même profondeur que les racines du bled pénétrent ordinairement, afin qu'elles puissent trouver un libre passage : mais ils doivent prendre garde de ne pas enfoncer la charrue au-delà du sol, autrement ils enterreroient ce qui auroit été amélioré par l'influence de l'air, & y exposeroient ce qui ne pourroit peut-être en recevoir aucune amélioration. Ainsi la charrue ne doit être enfoncée qu'à proportion de la profondeur de la bonne terre.

Il est surprenant que nous n'ayons point encore de moyen plus certain pour déterminer la profondeur de la charrue, & la tenir dans la situation précise que la terre demande, que l'attention du Laboureur ; attention que les objets extérieurs & la fatigue peuvent très-souvent distraire, dequoi souffrent également les bœufs & la terre. La charrue à roues ne prévient-elle pas cet inconvénient ?

Plus la terre est forte, plus elle doit être labourée souvent. L'argille ne sçauroit l'être trop, mais les terres plus légeres pourroient l'être. Plusieurs Laboureurs conviennent que les labours trop fréquens nuisent aux terres sableuses & graveleuses.

Comme cette opération dépend des principes de la méchanique & non de ceux de la Chymie, je n'en parlerai pas plus au long. Je laisse à d'autres le soin de traiter ce sujet véritablement intéressant; & qui, quoique assez bien entendu peut-être pour la pratique commune, n'a pourtant point encore été réduit à l'exactitude mathématique, dont tous les agens méchaniques sont susceptibles. Je souhaite qu'un jour quelque Laboureur habile dans son art & instruit dans les méchaniques, expose les principes sur lesquels les charues devroient être construites. Il rendroit un service important à toute la Société.

SECTION V.

Des amandemens.

Il est un autre moyen que l'art employe pour tenir la terre meuble, c'est d'y mêler des corps putrides & en fermentation. Nous avons vu que ces corps ont un mouvement interne considérable avant qu'on les jette sur la terre. Ils s'y conservent, quoiqu'en un moindre dégré. La terre grasse des cimetieres, à cause de la fermentation où elle est, se renfle tellement quand elle est exposée à l'air, qu'elle ne peut rentrer toute entiere dans les fosses d'où on l'a tirée. L'argille, qui ne contient que très peu de parties putrescentes, est de toutes les terres celle dont les parties ont le plus d'adhérence. Nous avons déja vu combien les coquilles, quand elles commencent à se pourrir, divisent & ameublissent la terre.

Mais outre ces amandemens, il y en a encore qui, sans être du nombre des putrescens, atténuent puissamment la terre. De ce genre sont les marnes, & sur tout les plus douces, par exemple, l'argilleuse. Nous avons vu plus haut avec quelle promptitude les marnes perdent leur adhérence & tombent en poudre. Elles communiquent cette qualité aux autres terres, même aux plus adhérentes & aux plus compactes. L'expérience suivante en est une preuve.

Exp. 31. Prenez des parties égales de marne & d'argille. Pétrissez-les bien ensemble & faites-les sécher. Quand la substance composée de ces deux matieres est mise dans l'eau, elle tombe peu à peu en poudre au fond du verre, au lieu qu'une boule d'argille pure reste dans l'eau sans se dissoudre : preuve convaincante que la marne a, pour atténuer les terres, une vertu singuliere, & dont aucun autre corps n'approche. Il a été observé que toutes les terres argilleuses, quand elles ont été marnées, se sechent quatorze jours plûtôt qu'elles ne faisoient auparavant. Ce qui provient de ce que la terre étant plus divisée, elle ouvre plus de passages à l'eau pour s'écouler.

Je sçais que ce sentiment contredit l'opinion très commune que la marne n'est pas propre pour les terres argilleuses. Je ne vois point ce qui a pu donner lieu à cette idée, sinon que des corps qui se ressemblent si fort ne peuvent être regardés comme capables de s'améliorer l'un l'autre; mais l'expérience de plusieurs pays où l'on employe ordinairement la marne, quoique le sol ne soit qu'une forte argille, réfute assez ces idées vulgaires. L'expérience suivante va mettre la chose hors de doute.

Exp. 32. J'ai rempli un pot de la même argille, que j'avois employée dans l'expérience précédente. Cette argille étoit restée exposée à l'air pendant quatre mois, & paroissoit n'être mêlée d'aucune autre terre, ayant été tirée à sept ou huit pieds de profondeur. J'appellerai ce pot n°. 1. Le pot n°. 2 fus rempli de parties égales d'argille & de marne. N°. 3 de parties égales d'argille & de chaux éventée. N°. 4 de parties égales d'argille & de fable de mer bien lavé. N°. 5 de parties égales d'argille & de fumier. Je retournai tous les jours ces différentes terres, & le 26 d'Avril je femai dans chaque pot fix grains d'orge.

14 Mai, n°. 2 avoit deux plantes forties de terre. N°. 3 en avoit quatre.

17 Mai, n°. 2 en avoit fix. N°. 3 fept, deux defquelles étoient d'un même grain. N°. 4 & 5 en avoient chacun une.

21 Mai, N°. 1 en avoit cinq, dont deux étoient d'un pouce & demi de haut. N°. 2 en avoit fix, de deux pouces. N°. 3, étoient de la même hauteur. N°. 4, deux, dont l'une étoit d'un pouce. N°. 5 trois, chacune de deux pouces.

4 Juin, N°. 2, le plus haut & le plus verd. N°. 3 enfuite. N°. 1 & 5 de la même hauteur entr'eux, mais le dernier, d'un verd très-foible. N°. 4 le pire.

20 Août, N°. 1 avoit environ neuf pouces de haut, & étoit devenu fort pâle. Il paroît que fes racines n'avoient pu percer l'argille, & qu'elles ne s'étoient étendues qu'à travers les fentes & crevaffes. N°. 2 avoit neuf épis, & d'un beau verd foncé. N°. 3

en avoit huit, mais d'un verd plus foible. N°. 4 en avoit cinq, & c'étoient les plus petits de tous. N°. 5 en avoit neuf, presque auſſi beaux que ceux du n°. 2. Je n'ai point eu l'occaſion de les revoir davantage.

Cor. 1. On voit par cette expérience combien la marne eſt un amandement utile. Car la glaiſe d'elle-même ne peut produire aucunes bonnes plantes, parce que leurs racines ne ſçauroient y pénétrer.

Cor. 2. Il paroît, contre l'opinion commune, que le ſable eſt le moins bon de tous les amandemens que j'avois employés. Il ne ſçauroit diviſer les petites parties d'argille, ſeule diviſion utile pour faire croître les végétaux. Le ſable en petite quantité ſemble plûtôt fortifier l'union des petites parties de l'argille, comme on le voit dans les Manufactures de briques.

Cor. 3. La chaux paroît être un bon amandement pour l'argille. J'avois laiſſé s'éventer pendent quelque tems celle d'ont j'ai fait uſage. L'effet que l'air produit deſſus en la changeant de chaux vive en chaux éteinte, doit ameublir conſidérablement la terre.

Cor. 4. Il paroît que le fumier & la marne ſont les meilleurs amandemens pour l'argille. Le premier a une fermentation conſidérable, l'autre perd toute adhérence quand on y a jouté de l'eau.

SECTION VI.

De la Végétation.

Il ne sera pas inutile de considérer ici en peu de mots ce qui doit arriver à la nourriture végétale dans les vaisseaux des plantes. Ce sujet ne demande point que nous entrions dans une discussion de l'anatomie des plantes. Je m'en tiendrai à celle des Botanistes.

Le sel nitreux étant formé sur la superficie de la terre, sera entraîné dans l'intérieur avec les rosées & les pluyes. Il y dissoudra les huiles qu'il rencontrera sur son passage, & formera avec elles un suc savoneux, qui contiendra, outre les principes précédens, un air & un feu fixes. Ce suc sera retenu par la terre, parce que, comme je l'ai fait voir par expérience, la terre fertile agit comme une éponge à l'égard de l'eau. Là il éprouvera deux mouvemens, l'un de descension, causé par sa propre pésanteur; l'autre d'ascension, que lui donneront la chaleur de la terre & l'influence du soleil. Dans cette agitation continuelle, il sera sans cesse appliqué aux racines destinées à recevoir la nourriture des plantes.

La

La premiere question qui se présente ici, c'est comment ces sucs montent au haut des plantes & des arbres. Malpighi croit qu'il faut attribuer cet effet, en grande partie aux vésicules de l'air qu'il a découvert dans la structure des plantes, & qui lui paroissent devoir se contracter & se dilater selon les divers changemens de l'atmosphere. Mais il me semble que cette dilatation des vaisseaux ne doit poit forcer les sucs à monter plûtôt qu'à descendre. Je croirois même qu'elle arrèteroit plûtôt tout à fait leur mouvement.

La raison qu'on en donne ordinairement, c'est à dire l'action des vaisseaux capillaires, me paroît très suffisante. Halés a démontré ce fait aux yeux par plusieurs expériences, dans lesquelles une partie d'une branche ayant été coupée par les deux bouts & ayant sa partie inférieure dans l'eau, l'humidité se faisoit voir aussitôt dans la partie supérieure. Cet effet des tubes capillaires doit venir d'une attraction mutuelle de l'eau & de la substance dont ces vaisseaux sont composés.

Il est démontré par une expérience que le Docteur Taylord rapporte dans les Transactions Philosophiques, n°. 368, qu'il y a entre le bois & l'eau une très-forte attraction. Il attacha à une balance un morceau de planche de sapin, le fit tremper dans l'eau, le péfa & le replongea dans l'eau. Ce morceau de planche avoit de furface un pouce en quarré. Pour le lever, lorfqu'il touchoit l'eau, il fallut cinquante grains au-deſſus du premier poids. Le poids ainſi fur ajouté dans différentes expériences qu'il fit encore, étoit toujours en proportion avec la furface. La diſtance de la furface inférieure de la planche à la furface de l'eau ſtagnante au tems de la féparation, étoit de la $\frac{16}{100}$ partie d'un pouce. Ce poids fur-ajouté eſt la meſure réelle de l'attraction entre la furface du bois, & l'eau en contact.

Une autre force qui contribue beaucoup à élever la feve, c'eſt l'attraction naturelle entre les parties conſtitutives de ce fluide. Ce doit être certainement le cas de la feve lorſqu'elle ſe meut vivement, comme dans la vigne quand elle pleure. Ces deux cauſes agiſſant enſemble, & l'évaporation ſe faiſant continuellement par les parties ſupérieures des vaiſſeaux, la feve s'éleve des racines des plantes juſqu'aux extrémités de leurs branches.

Mais la nature ne voulant pas que cette opération ſe faſſe trop promptement, il ſe trouve pluſieurs vaiſſeaux en forme de ſpirales & pluſieurs cellules dans leſquelles la feve eſt dépoſée, & qui en retardent la marche.

Dans ces vaisseaux & cellules la nature de la seve est altérée par l'agitation des plantes, par les mouvemens continuels de ceux de leurs vaisseaux qui contiennent de l'air, & peut-être par les particules de lumiere reçûes dans leurs feuilles. Les sucs sont rendus plus forts par l'expulsion des parties aqueuses, & ce qui reste est ou appliqué aux extrémités des vaisseaux, qui courent dans toutes les directions horisontalement, comme perpendiculairement, & fait croître la plante en grosseur & en longueur ; ou employé à former les feuilles, les fleurs & le fruit.

La différence des plantes dans leurs sucs & dans leurs productions, s'explique aisément par les différentes combinaisons des cinq principes dont leur nourriture est composée, & les différens dégrés de ces combinaisons. Si les parties plus grossieres sont destinées à quelque usage, les plus subtiles sont toutes enlevées par les vaisseaux latéraux, jusqu'à ce qu'il ne reste plus que celles qui sont nécessaires. Si au contraire ce sont les parties plus subtiles qui doivent être employées, elles se filtrent dans de petits vaisseaux propres à les recevoir, & qui sont placés soit dans de plus larges, soit dans les cellules, où les sucs sont déposés. Ainsi les parties d'une certaine grosseur sont portées & déposées dans certaines parties des plantes. De-là cette variété de sels, d'huiles & de figures dans les végétaux ; de-là cette différence d'odeurs, de goûts, de vertus, & autres qualités.

On voit par une expérience de M. Homberg quel pouvoir inhérent ont les vaisseaux des plantes, pour changer & altérer les substances qui y sont reçûes. Il remplit d'une quantité suffisante deux pots de terre, mêlée avec du salpêtre. Il planta dans l'un du cresson, plante alkalisante & qui donne un sel alkali volatil sans acide. Dans l'autre du fenouil, plante acescente, & qui dans la distillation donne un acide sans sel alkali volatil. Il remplit deux autres pots d'une terre qu'il avoit dépouillée de tous ses sels, si elle en avoit eu quelques uns. Dans l'un il planta du fenouil, & dans l'autre du cresson. Les deux plantes des deux pots où il avoit mêlé du salpêtre vinrent beaucoup mieux & pesoient beaucoup plus que celles des pots où il n'avoit point mis de nitre. Le cresson du pot où il y avoit du salpêtre ne donna aucun sel acide dans la distillation, quoiqu'il eût été nourri d'un sel qui contenoit un acide. Et le fenouil venu dans la terre dépouillée de ces sels donna un acide, quoiqu'il n'y en eût aucun dans cette terre. Cette expérience prouve que les vaisseaux des plantes ont la faculté de convertir les sels qu'elles tirent de la terre en leur sel propre; probablement en les combinant avec différentes proportions d'eau, d'air, d'huile, de terre & de parties de lumiere émanées du soleil.

Mais quelle raison donner de la différence des formes extérieures des plantes ? Recourrerons nous immédiatement à la main du Souverain Etre; ou, ce qui doit être regardé comme le dernier pas que puissent faire les Philosophes, chercherons nous quelques agens chymiques capables de produire cet effet ? Plusieurs expériences prouvent que les sels, sur tout les sels nitreux, ont un pouvoir naturel & inhérent de se former en végétations, comme on les appelle, & de prendre la forme de plantes avec leurs branches, leurs feuilles, & même leurs fruits: pouvoir qui leur vient de la forte liaison qu'il y a entr'eux & l'eau. Ce fait m'a souvent porté à croire que le pouvoir végétatif des plantes & leurs formes particulieres de végétation proviennent du pouvoir végétatif inhérent à leurs sels. En effet, on observe que cette faculté végétative des plantes est d'autant plus forte, qu'il entre plus de sels dans leurs vaisseaux.

Ainsi j'ai tâché d'expliquer les effets des amandemens sur les différentes terres, l'élévation & les changemens de la nourriture végétale dans les vaisseaux des plantes par ces attractions & affinités remarquables dont l'Auteur de la Nature a revêtu les petites parties de la matiere. Ces parties ne sont pas, comme on se l'imagine communément, des corps purement passifs, mais pleins d'activité, de vigueur, & capables de produire ces changemens qui renouvellent & conservent la nature. Je les ai démontrées, ces affinités, par des expériences, & n'ai point eu recours à d'autres principes. C'est sur ce seul fondement que j'ai établi tout le plan de cet Ouvrage; je me flatte que sa simplicité sera une forte preuve de sa vérité.

Mais d'où viennent ces attractions électives qui mettent tout en mouvement dans l'Univers? De qui la matiere tient-elle le pouvoir d'agir hors d'elle-même? Car elle agit de cette maniere, où il faut admettre une chaîne infinie d'agens matériels: De qui, dis-je, tient-elle donc ce pouvoir, sinon d'un Etre immatériel, qui lui a donné d'abord ces propriétés, & qui, par sa volonté immédiate, les lui conserve constamment dans le même état. C'est sur ces parties, dont la petitesse échappe aux yeux des hommes, que l'Etre Tout-Puissant prend plaisir à déployer sa puissance, & sur leurs propriétés qu'il a voulu établir l'admirable fyftème du monde. De-là l'origine du mouvement, de l'adhérence, de la croiſſance, & de l'organiſation. Mais toutes les formes individuelles étant deſtinées à n'avoir qu'une durée finie, Dieu a revêtu d'autres parties d'une force répulfive, & mêlés les femences de diſſolution avec les premiers élémens de la vie organique. Tant que les vaiſſeaux reſtent ouverts, & que le mouvement des fluides fubſifte, les forces attractives l'emportent fur les répulfives & la vie végétale ou animale continue. Mais quand ce mouvement ceſſe, & que d'autres circonſtances concourent, les forces répulfives l'emportent fur les attractives, elles détruiſent le compoſé, & réduifent le corps aux parties dont il avoit été formé d'abord. Voilà le grand cercle que fa fageſſe infinie a tracé, & dans lequel fa toute puiſſance s'eſt renfermée pour le plus grand bien de l'Univers.

PARTIE V.

SECTION PREMIERE.

Des mauvaises herbes.

LES obstacles de la végétation & les moyens d'y remédier sont le dernier objet que nous nous sommes proposé de considérer. Les obstacles viennent ou de la terre, ou des plantes mêmes. Nous en traiterons suivant cette division.

Quant aux obstacles qui viennent de la terre, je mets d'abord, avant tout, les végétaux, qui n'étant d'aucun usage au Fermier, sont appellés, par cette raison, herbes inutiles, ou mauvaises herbes. Elles empêchent les bonnes plantes de croître, parce qu'elles consument une partie de la nourriture. Je mets au même rang ces racines qui courent souvent dans la terre en si grande quantité, qu'elles la resserrent & la lient, pour ainsi dire, empêchent les racines du grain de s'étendre, & emportent une grande partie de la nourriture végétale. Ces racines sont ordinairement celles du chiendent: l'arrêtebeuf a aussi une grosse racine qui s'étend fort avant dans la terre.

On détruit ces mauvaises herbes & leurs racines, 1°. par un labour d'été: car alors elles sont retournées par la charue dans le tems qu'elles commencent à pousser, & leurs racines se trouvant exposées au soleil, elles sechent & meurent promptement, ou même elles sont ensevelies sous la terre.

2°. Un moyen analogue au précédent, c'est d'enfoncer la charue à dix huit pouces de profondeur. Ces herbes se trouvent par-là ensevelies si avant dans la terre, qu'elles meurent bientôt; mais ce moyen ne doit être employé que quand la terre est bonne à cette profondeur.

3°. Une autre maniere de faire périr ces mauvaises herbes, c'est de les arracher avec le rateau quand elles sont jeunes, parce qu'alors on en arrache en même tems toutes les racines.

4°. Aucune plante ne peut croître sans une suffisante quantité d'air frais: car l'air n'est pas moins nécessaire à la vie végétale qu'à la vie animale. Toutes les plantes qui couvrent entiérement la terre doivent donc faire mourir celles qui poussent au dessous d'elles. C'est par cette raison qu'une bonne récolte de pois détruit toutes les mauvaises herbes, en les couvrant d'ombre : de sorte que les Fermiers se promettent une bonne récolte de froment, quand celle des pois a été bonne : si au contraire la récolte des pois est mauvaise, il vient alors plus de mauvaises herbes qu'à l'ordinaire, & les Laboureurs ne peuvent se promettre qu'aucune des trois moissons suivantes soit bonne, à moins qu'ils ne donnent plusieurs façons à la terre.

C'est par le même moyen qu'on détruit la fougere. On tient l'enclos fermé depuis le milieu de Mai jusqu'au commencement de Décembre, on le fait paître depuis ce tems-là jusqu'au mois d'Avril, & alors on y laisse venir une récolte de foin. Couvert pendant si long-tems par deux récoltes successives, il ne reçoit point l'influence de l'air, ce qui le fait mourir.

5°. Il y a encore une autre maniere de faire mourir les mauvaises herbes ; c'est d'y employer la marne. J'ai vu le genêt détruit par ce moyen. Du froment ayant été semé dans un champ, dont une partie avoit été marnée, & l'autre ne l'avoit point été ; la partie marnée fut délivrée de toutes les mauvaises herbes, tandis que celle qui n'avoit point été marnée en étoit toute remplie. On avoit semé le même froment dans l'une & dans l'autre partie du champ. Je ne puis expliquer cet effet de la marne qu'en difant qu'elle fit croître le froment fi promptement qu'il étouffa & fit périr les genêts.

SECTION II.

Des terreins humides.

RIEN n'eft plus contraire à la végétation, que la trop grande humidité du fol. Elle vient toujours d'une couche de roc ou de glaife, qui fe trouve au deffous de la fuperficie. Ces couches ne permettant pas aux eaux de pluye de fe filtrer, elles ne peuvent être emportées que par la voye de l'évaporation : voye fort lente en comparaifon de la filtration. Les Laboureurs expriment l'effet de l'eau en difant, qu'elle rend la terre aigre : ce qui ne fignifie pas que la terre devient réellement aigre, mais feulement qu'elle eft altérée dans fa nature, & rendue peu propre à la végétation. Les productions naturelles de ces fortes de fols font les joncs & cette efpece de mauvaife herbe, qu'on trouve quelquefois dans le fond, mais rarement fur la crête des fillons, qui eft feche & fans goût comme un coupeau de bois, & rude au toucher, quand on la manie à rebours. Je crois que l'effet naturel de l'eau, qui séjourne sur les terres, est d'empêcher l'air d'y pénétrer, & par là de priver la terre de ses influences.

On corrige cet excès d'humidité en donnant aux raies des sillons une disposition convenable, & qui, suivant la pente naturelle de la terre, procure à l'eau un libre écoulement. Il n'est pas moins important que ces raies soient droites, car plus elles le sont, moins l'eau reste sur la terre. Il paroît encore que plus la crête des sillons sera étroite, pouvu qu'ils s'élevent au dessus de l'eau, plus l'eau s'insinuera aisément à travers pour tomber dans les raies qui doivent être faites avec une charrue à double oreille, afin que les deux oreilles rejettent la terre de l'un & de l'autre côté. La marne, comme je l'ai dit plus haut, seche la terre en la divisant & en la pulvérisant. Un champ amandé de cette maniere, sera prêt à labourer au printems, quatorze jours plûtôt qu'il ne le seroit s'il n'étoit point marné. Si ces moyens ne réussissent pas, par rapport aux eaux qui viennent de sources, il faut faire a différentes distances des saignées ou des canaux couverts. Les saignées paroissent convenir davantage quand les sources ne sont pas en trop grande quantité.

SECTION III.

Des pluyes.

LEs pluyes trop abondantes empêchent la coction convenable des sucs dans les vaisseaux des plantes, & altèrent considérablement la nature de ces sucs. En l'année 1705, dit un Auteur François, il ne plut presque pas en Juin & en Juillet, & les bleds furent excellens : mais en 1707, quoiqu'il y eut eu des chaleurs extraordinaires, il plut si abondamment ces deux mois, que les bleds n'ont rien valu, & se sont presque tous échauffés.

On a observé qu'après les pluyes les plantes croissent beaucoup, non seulement les plantes terrestres, mais même les aquatiques. On ne sçauroit supposer que celles ci ayent besoin d'eau : cet effet provient donc de quelque autre cause, que de la nutrition des plantes par leurs racines. On a observé la même chose quand le ciel, de clair & serein, devient couvert & orageux. Peut-être alors la trop grande transpiration des plantes est-elle arrêtée : peut-être sucent-elles l'humidité par les pores de leurs feuilles & de leur bois : peut-être enfin que leur nourriture dépendant de la circulation de leurs sucs, & cette circulation dépendant elle-même de la contraction de leurs trachées, selon Malpighi, cette soudaine contraction remplit de sucs nourriciers leurs vaisseaux les plus petits & les plus éloignés, & le fait avec assez de force pour étendre & allonger ces vaisseaux. Comme ils se trouvent alors pleins d'eau, & que la transpiration est moindre qu'à l'ordinaire, il n'est pas étonnant que la coction des sucs ne se fasse pas bien & que le grain soit mauvais.

SECTION IV.

Des défauts des Sémences.

APRES avoir consideré les obstacles de la végétation causés par la nature du sol, passons à ceux qui proviennent de la sémence.

Pour avoir de fortes plantes, il faut choisir de bonne & forte semence. Le grain affamé dans une terre maigre ne sçauroit profiter.

Les vieux grains qu'on seme ne viennent

pas bien : c'eſt pourquoi les fermiers choiſiſſent toujours du bled de l'année. On a cru que le grain ne germe pas quand il a plus de cinq ans : mais on ne ſçauroit fixer de tems précis, car tout dépend de la ſéchereſſe & des huiles de la ſemence. Toutes les ſemences huileuſes ſe gardent long-tems ; quelques unes ſont reſtées en terre pendant dix-huit & vingt ans. Deux mois après l'incendie de Londres, on vit croître une grande quantité d'une eſpece *d'Eryſimum*, dans des endroits où il y avoit eu des bâtimens pendant mille ans. M. de Reaumur ayant ſemé quelques grains d'un bled qui avoit été conſervé dans la citadelle de Metz pendant cent quarante ans, & avec lequel, quoiqu'il eut été gardé ſi long tems, on fit de fort bon pain : au bout de trois ſemaines quelques-uns de ces grains parurent gonflés, d'autres non, ſix ſemaines après il ne s'en trouva plus aucuns.

La ſtérilité des vieux grains paroît venir, de ce que leurs vaiſſeaux perdent la flexibilité néceſſaire, pour qu'ils puiſſent s'étendre & ſe remplir d'eau ; & de ce que la liqueur, qu'ils contiennent, n'a plus le mucilage gluant néceſſaire à leur nutrition. On en peut juger par l'effet, que produit ſur le grain l'évaporation de ces parties mucilagineuſes ; elle le rend fragile & caſſant.

SECTION V.

Maladies des Plantes.

Tous les corps organisés étant composés de vaisseaux & de fluides en mouvement dans ces vaisseaux, il est à craindre que ces fluides ne s'alterent, & que ce mouvement ne s'arrête. De-là viennent toutes les maladies des plantes. Tournefort les a divisées avec raison en cinq classes, parce qu'elles sont toutes causées ou 1°. par la trop grande abondance; ou 2°. par le défaut de sucs; ou 3°. par les mauvaises qualités de ces sucs; ou 4°. par leur inégale distribution; ou enfin 5°. par des accidens étrangers.

La trop grande abondance des sucs fait qu'ils séjournent long tems dans les vaisseaux, qu'ils s'y corrompent, qu'ils y causent des varices, des cariosités, &c. il paroît que c'est aussi de cette maniere que les pluyes excessives nuisent aux plantes.

Le noir ne doit point être oublié ici, il s'attache ordinairement aux grains malades & dans les tems de pluyes; il se communique

que aussi par infection, si je puis parler de la sorte: le noir, comme les autres maladies contagieuses, gagne des grains infectés à ceux qui sont sains. J'ai appris qu'on en a fait l'expérience, on a semé du bled noir avec de belle semence, & tout ce qu'on en recueillit étoit noir. Il ne faut point être surpris qu'il arrive aux sucs des plantes, ce que nous voyons tous les jours arriver aux sucs des animaux, lesquels prennent les qualités du levain contagieux qui leur est communiqué. On prévient cette maladie, du moins en grande partie, en faisant tremper le grain dans une saumure de sel marin. La saumure opere en deux manieres ; elle fortifie la semence, & la met en état de chasser les sucs aqueux qui seroient superflus : & d'ailleurs comme elle est pésante, elle soutient la mauvaise semence qui surnage; de sorte qu'il n'y a que les grains les plus lourds & les plus forts qui tombent au fond.

Il paroît que le fumier prévient les autres maladies causées par le trop d'humidité. L'expérience qu'en fit une personne de ma connoissance prouve clairement cet effet du fumier. Il fit labourer deux acres de terre maigre, qui n'avoient jamais été amandés, se proposant d'y semer du froment. Mais ensuite ayant changé d'idée, & n'ayant sumé qu'une petite partie du champ, il ensemença le tout d'orge, après cinq ou six façons. Il tomba beaucoup de pluyes qui n'empêcherent pas que l'orge ne vînt très-bien dans la partie fumée : au lieu que ce qui avoit été semé dans le reste du champ jaunit après les pluyes ; & quand il fut mûr, il se trouva si mauvais, qu'il ne valut pas les frais de la récolte. Cette expérience fait voir que la maigreur & l'humidité de la terre furent la cause de la maladie de ce grain, & que le fumier en fut le remede.

Les plantes & les arbres dépérissent par le manque de nourriture ; & c'est par cette raison que les feuilles tombent aux approches de l'hyver. On le voit encore plus par l'expérience suivante. Greffez un amandier sur un prunier de damas noir : la premiere année l'amandier sera de belle venue ; mais ensuite l'un & l'autre dépérissent insensiblement & meurent : ce qui vient de ce que le premier commence à végéter beaucoup plutôt que le dernier, & par conséquent demande des sucs nourriciers, avant que celui-ci puisse lui en fournir. Pendant qu'il est jeune, il en tire toujours assez : mais quand il devient plus fort, il épuise le prunier & l'affame. Si l'on greffe au contraire le prunier sur l'amandier, les sucs montant dans celui-ci, avant que l'autre soit en état de les recevoir, s'en trouve surchargé & meurt de réplétion.

M. Duhamel dans les mém. acad. des sciences pour l'année 1728, parle d'une maladie appellée *le mort*, qui attaque le saffran dans le printems. Cette maladie est causée par une espéce de trefle qui n'a point de tige, & qui entrelasse de filamens violets, qui sont ses racines, celles du saffran, dont ils sucent le suc nourricier. On prévient cette maladie en creusant des fossés qui empêchent les plantes de saffran d'être attaquées par ces trefles. Toutes les maladies provenant du défaut de nourriture, sont gueries par les engrais & amandemens.

Les sucs peuvent être défectueux par quelque mauvaise qualité. Quand ceux du pin ou du sapin deviennent trop épais, l'arbre meurt. On dit que les cannes à sucre viennent moins bien dans les bonnes terres neuves : c'est que ces terres leur fournissent trop de sucs huileux, qui ne sont pas propres à faire de bon sucre. Mais si on les coupe quand elles ont un mois, qu'on en brûle les feuilles, & qu'on en répande les cendres au pied des cannes, elles donnent alors un meilleur sucre, parce que les sels alkalis de ces cendres atténuent les huiles, & par là rendent le sucre meilleur. De même les plantes ou semences transportées d'un pays chaud dans un pays froid, dégénerent, parce que les sucs n'y sont pas assez atténués par la chaleur.

L'inégalité dans la distribution des sucs paroît être une autre cause des maladies des végétaux. Dans le bled les sucs montent quelquefois aux feuilles en trop grande abondance; pour y remédier on coupe le bled ou on le fait paître par les bestiaux : cette opération fait refluer les sucs nourriciers dans les tiges.

Les accidens extérieurs comme la gelée, la grêle, les mouches & leurs œufs, les vers occasionnent aussi plusieurs maladies ; il se trouve encore un petit ver blanc fort commun dans les terres neuves, qui fait périr les plantes en mangeant leurs racines. On tue ces vers avec la chaux vive ou l'eau de chaux.

Il faut mettre la nielle dans le même rang; il paroît qu'elle est causée par une matiere gluante & sucrée qui tombe avec les pluyes ou ondées fines, & qui arrête la transpiration des plantes dont elle bouche les pores : on sent cette matiere au tact & au goût sur la superficie des plantes : & le fait suivant prouve que c'est de cette maniere qu'elle opere. Il y a à Briançon une espece de noisetier dont toutes les feuilles sont couvertes d'une substance sucrée qui provient de la transpiration des sucs de la plante : lorsque cette matiere est en trop grande quantité, l'arbre meurt.

Nous devons mettre encore dans la classe des accidens étrangers les effets de la contiguité ou voisinage de certaines plantes. Il y en a qui ne sçauroient croître près de quelques autres ; on l'a observé par rapport au choux & au cyclamen, à la cigue & a la rue, aux roseaux & a la fougère : nous avons une infinité d'exemples de ces antipathies parmi les animaux. Ces effets viennent sans doute des corpuscules qui s'échappent de tous les corps organisés.

Il est étonnant que ces objets, si intéressans pour la culture des plantes, aient été presqu'entierement négligés, de sorte qu'on n'a point encore assez de faits & d'observations pour établir sur cette matiere aucun système régulier. Toutesfois les maladies des plantes demandent plus de secours, & conséquemment plus d'attention que celles des animaux, si l'on ne considére que le traitement & la guérison seule, sans penser au rang que les animaux tiennent parmi les créatures, & par conséquent à leur valeur naturelle, très-supérieure à celle des plantes.

Les animaux ont une faculté senfitive intérieure, qui, étant irritée par la caufe de la maladie, fait que le cœur & les arteres fe meuvent avec plus de vivacité : & ces agens méchaniques continuent jufqu'à ce que les parties morbifiques foient chaffées, ou qu'elles ayent détruit l'œconomie animale : mais les végétaux n'ont point cette faculté intérieure : fi le remede n'eft appliqué extérieurement, ils reftent malades. Les remedes qu'on employe pour la guérifon des maladies des animaux, agiffent en dirigeant ces mouvemens naturels & méchaniques de la maniere qui convient, & que la faculté motrice femble faire connoître : au lieu que les remedes des végétaux n'agiffent que par leurs feules forces, & ne font aucunement fecondés par les végétaux mêmes.

SECTION VI.

Plan pour la perfection de l'Agriculture.

J'AI tâché de faire voir que l'Agriculture n'eft pas un art incertain, ainfi qu'on le croit communément ; mais un art qu'on peut réduire, comme les autres, à des principes fixes & immuables. J'ai parlé des obstacles qui s'opposent à sa perfection : examinons ici comment on pourroit y remédier & favoriser ses progrès.

L'Agriculture ne doit pas son origine aux raisonnemens, mais aux faits & à l'expérience. C'est une branche de la philosophie naturelle : elle ne sçauroit être perfectionnée que par la connoissance des faits. C'est par les observations & par la connoissance des faits, que les autres branches de la philosophie naturelle ont été poussées si loin dans les deux derniers siecles. La Médecine doit à l'histoire des maladies & de leurs accidens la perfection où elle a été portée de notre tems : & si la Chymie est maintenant réduite à un système régulier, elle en est redevable aux expériences faites ou par hazard ou à dessein. Mais où sont les expériences qu'on ait faites dans l'Agriculture ? Nous avons beau jetter les yeux de toutes parts, nous n'en trouverons qu'un très-petit nombre, & voilà le plus grand obstacle aux progrès de cet art. Nous avons beaucoup de traités d'Agriculture, il est vrai; mais le Livre qui nous manque, c'est un livre d'expériences.

On ne doit point en être surpris, quand on connoît la façon de penser ordinaire de la plûpart des hommes. Ils craignent de s'engager dans de pareilles entreprises, à moins qu'ils ne puissent se promettre d'en voir la fin complette, & de former un systême plausible. Or les expériences en fait d'agriculture demandent trop de tems, pour qu'une seule personne puisse en faire un grand nombre pendant sa vie. Peut-être y en a-t-il eu beaucoup de faites, mais elles sont répandues en différentes mains. Ce n'est donc pas tant du manque de faits qu'il faut se plaindre: le hazard & les expériences faites à dessein ont dû en fournir assez. Ce qui nous manque le plus, est une voye sûre & aisée d'en faire part au Public, sans que la vanité naturelle à la plûpart des hommes en soit blessée.

Jusqu'à présent ces faits, ces expériences, renfermées dans le cercle étroit des conversations, sont mortes avec ceux qui les ont tentées. Je propose à cet inconvénient un remede très simple: c'est qu'on établisse dans la Société d'Edimbourg une Commission ou Conseil de cinq personnes, uniquement pour la classe de l'Agriculture, & qu'on charge cette Commission de recevoir les expériences détachées qui pourront y être envoyées: de les mettre en meilleur style, si elles en ont besoin, & de les donner au Public à certains tems marqués. Ce moyen me semble très propre à exciter parmi nos Cultivateurs le goût des expériences.

Le Commiſſaire chargé de faire le rapport de ces expériences, le feroit d'une maniere claire & ſimple, ſéparant les faits d'avec ſes raiſonnemens. La clarté & l'exactitude ſont les vrais ornemens du ſtyle des expériences. Le fait ſeroit d'abord raconté nettement avec toutes ſes circonſtances; par exemple, la ſituation du terrein, la nature du ſol, la qualité de la ſemence, les façons données à la terre, le pays où l'expérience auroit été faite, la température de l'air dans le tems des ſemailles & après; le chaud, le froid, la roſée, la pluye, le vent, &c. Les raiſonnemens ſur ces expériences viendroient enſuite, & n'en ſeroient que les conſéquences naturelles. Quoiqu'il ne fût point néceſſaire d'en nommer les Auteurs, quand on les publieroit, la Commiſſion exigeroit pourtant que ceux qui les lui adreſſeroient les ſignaſſent, afin d'éviter toute ſurpriſe.

Pour exciter dans le pays l'émulation ſur cet objet, je voudrois encore, que la Commiſſion pût donner un ou deux prix honorables & lucratifs à ceux qui auroient envoyé les expériences les plus ingénieuſes & les plus utiles. Ces prix d'agriculture ne devroient point être proposés pour des objets sur lesquels l'intérêt excite assez les Cultivateurs à travailler ; ils s'y appliquent communément autant qu'ils le peuvent : mais sur des objets qui ne tendroient pas si directement à leur profit, & qui les forceroient à sortir de la routine ordinaire. Cette regle pourroit paroître trop severe dans les commencemens, & peut être seroit-il mieux de recevoir pendant quelque tems toutes sortes d'expériences, jusqu'à ce que le goût fut répandu dans le pays.

On sent quels heureux effets produiroit un tel plan. Les Laboureurs commenceroient à appercevoir le seul moyen de cultiver leur art avec succès. Ils seroient attentifs aux moindres circonstances auxquelles ils n'avoient jamais pensé auparavant. Ils se feroient un plaisir de communiquer au Public le succès de leurs expériences, dès qu'ils le pourroient faire par cette voye secrete & facile. Ils auroient un Dictionnaire de faits qu'ils consulteroient dans l'occasion ; & ils tireroient un égal avantage des bons & des mauvais succès des autres.

Ce plan fourniroit avec le tems un fond suffisant de faits à quelque heureux Génie, qui rassemblant toutes ces diverses expériences souvent opposées les unes aux autres,

& considérant toutes les circonstances qui les auroient accompagnées, réduiroit la pratique de l'Agriculture à des regles fixes & permanentes. Ce bonheur arrive rarement à ceux qui tentent les premieres expériences d'un art; ils apperçoivent les choses dans un point de vûe trop étroit, & souvent avec un esprit trop prévenu : il est réservé à l'esprit impartial & solide, qui sçait tirer de chaque opinion ce qu'elle peut avoir de vrai, & de toutes ces vérités réunies former un système régulier, utile & durable.

Fin des Principes de l'Agriculture & de la Végétation.

AVIS.

Les deux Mémoires qui suivent imprimés en 1759. & 1760. à l'Imprimerie Royale, ont été envoyés par ordre du Ministre à tous les Intendans des Provinces & Généralités du Royaume.

Ier MÉMOIRE

SUR la maniere de préserver le Froment de la corruption & de le conserver.

Tous les Laboureurs sçavent que les differens noms de *nielle, bruine, brourure, bosse, charbon, carie,* &c. servent à désigner un froment dont l'intérieur du grain est converti en une poudre noire comme du charbon; mais plusieurs ignorent que cette poudre noire répandue, par hasard ou autrement, sur le froment le plus sain, qui seroit destiné pour ensemencer, le gâtera tellement qu'à la récolte prochaine on n'en aura que du froment noir aussi dans l'intérieur. Cette découverte importante est dûe à M. Tillet, de l'Académie Royale des Sciences. Ses expériences ont été répétées à Trianon par ordre du Roi, tant pour être assuré de la communication de ce vice, que de l'efficacité du moyen qui le prévient. C'est ce moyen préservatif, dont le succès est constaté, que l'on communique à tous les Cultivateurs.

Si le grain qu'on veut semer est net & sans moucheture noire, il suffira de le laver dans la lessive ci après décrite.

Si au contraire, ce grain est taché de noir, il faut le laver plusieurs fois dans de l'eau de pluie ou de riviere, & ne le passer dans la lessive que quand il n'y aura plus de noir.

Pour faire cette lessive, on prendra des cendres de bois neuf, c'est-à-dire qui n'ait point été flotté. On en emplira un cuvier aux trois quarts : on y versera une suffisante quantité d'eau ; celle de la lessive, destinée pour le grain, doit être de deux pintes, mesure de Paris, ou quatre livres d'eau pour une livre de cendre : cette proportion donnera une lessive assez forte ; lorsqu'elle sera coulée, on la fera chauffer, & l'on y fera fuser ou dissoudre assez de chaux vive, pour qu'elle prenne un blanc de lait.

Cent livres de cendres & deux cents pintes d'eau donneront cent vingt pintes de lessive, auxquelles on ajoutera quinze livres de chaux. Cette quantité de lessive, ainsi préparée, suffit pour soixante boisseaux de froment, & ne revient au plus qu'à quarante sols, ce qui fait huit deniers pour chaque boisseau.

On attendra, pour faire usage de cette lessive chauffée, que sa chaleur soit diminuée au point qu'on puisse y tenir la main. Alors on versera le froment, déja lavé, dans une corbeille d'un tissu peu serré & qui ait deux anses relevées, & on la plongera à diverses reprises dans cette lessive blanche; on y remuera le grain avec la main ou avec une palette de bois, pour qu'il en soit également mouillé. On soulevera la corbeille pour la laisser égoûter sur le cuvier, puis on étendra ce grain sur des charriers ou sur des tables pour le faire sécher plus promptement. On remplira la corbeille de nouveau grain, & on la trempera, comme ci-dessus, dans le cuvier, dont on aura remué le fond avec un bâton, jusqu'à ce qu'on ait fait passer les soixante boisseaux.

Le Laboureur pourra profiter des beaux jours & de ses momens de loisir pour préparer tout le grain, suspecté de nielle, dont il aura besoin pour les semailles prochaines.

Fin du premier Mémoire.

MÉMOIRE

POUR servir à indiquer le Plan qui a été suivi pour parvenir à connoître ce qui produit le bled noir dans les bleds ; & à connoître les remedes propres à détruire cette corruption.

On verra par quelques-unes des lignes que l'on a tracées, ce qui a été pratiqué pour produire le bled noir ; & à d'autres, ce que l'on a fait, & les remedes dont on s'est servi pour le détruire.

Chacune de ces lignes est de seize pieds de long, & est à un pied de distance l'une de l'autre ; on a noté ce que l'on a trouvé de remarquable dans chacune d'icelles.

On verra aussi que la semence de ce plan a été faite dans six carés & dans trois différens tems, pour connoître s'il n'y a point de tems pendant la semence qui occasionne davantage la corruption du bled noir.

On connoît deux sortes de bled noir ; nous en nommons un *cloque, brouine*, ou simplement *bled noir*, c'est le plus mauvais, c'eſt celui à qui on doit s'attacher plus particulierement pour le détruire: l'autre nous le nommons *bled noir en fumée*; quoique ce ſoit du bled corrompu, il n'eſt pas dangereux comme l'autre, puiſqu'il ſe diſſipe de très bonne heure en fumée, & ſe trouve entierement détruit par le vent & la pluye, preſqu'auſſitôt que ſes épis ſont ſortis de leur fourreau, de ſorte qu'il ne s'en trouve plus à la récolte.

LE PREMIER carré ci-deſſous, qui eſt de huit rangées, & chacune de ſeize pieds de long, eſt ſemé en entier d'épis de bled dont on a pris la ſemence en la récolte de 1759, & qui étoient partie de grains bons, & partie de grains que nous nommons *cloque, brouine, ou bled noir*.

Il eſt à remarquer qu'il ſe trouve dans quelques-uns des épis de bled noir des grains qui ſont bons & bien ſains, qui portent leur germe; on s'imagineroit que ces grains ſortant des épis corrompus devroient produire le bled noir, mais on trouvera la preuve du contraire dans ce premier carré qui a été ſemé en entier de ces épis défectueux.

Ce carré a été ſemé le 28 Octobre 1759.

Les lignes ſont les rangées de bled.

La rangée de bled ci-deſſous a été ſemée, ſans être ni lavé ni échaudé.

Il ne s'eſt trouvé aucun épi de bled noir, mais il s'eſt trouvé dix épis de bled noir en fumée.

1re.

La rangée de bled qui ſuit a été ſemée après avoir été échaudé à notre méthode ordinaire ſeulement.

Tous les épis de cette rangée ſe ſont trouvés bons & bien ſains, à l'exception de deux épis de noir en fumée.

2me.

La rangée ci-deſſous a été ſemée aprè avoir été lavé à l'eau commune, & après lavé & échaudé à l'eau de cendre, comme l'enſeigne M. Tillet.

Tous les épis de cette rangée ſe ſont trouvés bons & bien ſains.

3me.

La rangée de bled qui ſuit a été ſemée après avoir été échaudé à notre méthode ordinaire.

Tous les épis ſe ſont trouvés bons, à l'exception de quatre épis de noir en fumée.

4me.

La rangée de bled ci-deſſous a été ſemée après avoir été barbouillé avec de la pouſſiere de bled noir, & n'a point été ni lavé ni échaudé.

L

Dans cette rangée il s'eſt trouvé environ la moitié des épis bons & bien ſains, l'autre moitié s'eſt trouvée entierement de bled noir.

5me.

La rangée ci-deſſous a été ſemée après avoir été lavé & échaudé, n'a point été barbouillé de noir, mais en le ſemant, il a été ſemé par-deſſus le bled de la pouſſiere de bled noir avant de l'enterrer.

Il s'eſt trouvé dans cette rangée environ deux tiers dont les épis ſont de bon bled, mais l'autre tiers s'eſt trouvé entierement de bled noir.

6me.

La rangée ci deſſous a été barbouillée de noir, & avant de le ſemer, il a été lavé à l'eau commune, & après lavé & échaudé à l'eau de cendre.

Dans cette rangée les épis ſe ſont trouvés bons, à l'exception de douze épis de noir en fumée.

7me.

Le bled de la rangée ci-deſſous a été barbouillé de noir, & avant de le ſemer a été échaudé à notre méthode ordinaire.

Il s'eſt trouvé dans cette rangée environ les trois quarts des épis bons & bien ſains, l'autre quart ſe trouve rempli de bled noir.

8me.

LE SECOND carré suivant, qui est aussi de huit rangées, est semé en entier de bled très-sain pris dans la grange; il a été préparé pour le semer ainsi qu'il va être expliqué à chaque rangée; on verra aussi à chaque rangée ce qui s'est trouvé de remarquable dans chacune d'icelle, ce qui a été exactement recherché.

Ce carré a été semé le 28 Octobre 1759.

Les lignes tirées sont de même les rangées de bled.

La rangée de bled ci-dessous a été semée, sans être ni lavé ni échaudé.

Tous les épis de cette rangée se sont trouvés bons, à l'exception de quatre épis de noir en fumée.

1re.————— ————— ————— —————

Le bled de la rangée ci-dessous a été semé après avoir été lavé à l'eau commune, & échaudé à l'ordinaire.

Tous les épis de cette rangée se sont trouvés bons & bien sains, à l'exception de cinq épis de noir en fumée.

2me.————— ————— —————

Le bled de la rangée ci-dessous a été semé après que le bled a été lavé dans l'eau commune, & après avoir été lavé & échaudé dans l'eau de cendre.

L a

Tous les épis de cette rangée se sont trouvés bons & bien sains.

3me. ⸻

Le bled de la rangée qui suit a été semé après avoir été échaudé à notre méthode ordinaire simplement.

Tous les épis de cette rangée se sont trouvés bons & bien sains.

4me. ⸻

La rangée de bled ci-dessous a été semée après que la semence a été barbouillée avec de la poussiere de bled noir, & n'a point été ni lavé ni échaudé.

Dans cette rangée il s'est trouvé près de la moitié des épis de bled noir; le reste des épis sont de bon bled.

5me. ⸻

Le bled de la rangée suivante a été lavé & échaudé & n'a point été barbouillé de noir, mais en le semant, il a été semé par-dessus de la poussiere de bled noir.

Dans cette rangée il s'est trouvé environ deux tiers dont les épis sont bons, l'autre tiers est entierement de bled noir.

6me. ⸻

Le bled de la rangée ci-dessous a été barbouillé avec de la poussiere de bled noir; & avant de le semer, il a été lavé à l'eau commune, & aprés lavé & échaudé à l'eau de cendre.

Tous les épis de cette rangée se sont trouvés bons & bien sains.

7me. ————————————

Le bled de la rangée ci dessous à été aussi barbouillé de la poussiere de bled noir; & avant de le semer, il a été échaudé à notre méthode ordinaire sans ètre lavé.

Il s'est trouvé dans cette rangée environ une vingtaine d'épis de bled noir, le surplus des épis en sont bons & bien sains.

8me. ————————————

LE TROISIEME carré ci dessous, qui est aujourd'hui rangé, est semé en entier de bled très sain pris dans la grange; mais il a été pratiqué, pour le semer, ce qui va ètre expliqué à chaque rangée : on verra aussi à chacune desdites rangées ce qu'on a trouvé de remarquable, ce qui a été exactement recherché.

Ce carré a été semé le 10 Octobre 1759.

Les lignes tirées sont les rangées de bled.

La rangée de bled ci-dessous a été semée sans ètre ni lavé ni échaudé.

Les épis de cette rangée se sont trouvés bons & bien sains, à l'exception cependant d'un épi de bled noir, & de quatre autres de noir en fumée.

1re. ————————————

Le bled de la rangée suivant a été semé

sans être ni lavé ni échaudé.

Les épis de cette rangée se sont trouvés bons & bien sains, à l'exception cependant d'un épi de bled noir.

2me. ─────────────────

La rangée de bled qui suit a été semée après avoir été lavé dans l'eau commune, & ensuite lavé & échaudé dans l'eau de cendre.

Tous les épis de cette rangée se sont trouvés bons & bien sains, à l'exception d'un seul épi de noir en fumée.

3me. ─────────────────

Le bled de la rangée ci-dessous a été, avant de le semer, lavé à l'eau commune, & ensuite lavé & échaudé dans l'eau de cendre, ainsi que le rang ci-dessus.

Tous les épis de cette rangée se sont trouvés bons & bien sains.

4me. ─────────────────

Le bled de la rangée suivante a été semé après avoir été lavé à l'eau commune, & échaudé à notre méthode ordinaire.

Les épis de cette rangée se sont trouvés tous bons, à l'exception de deux épis de noir en fumée.

5me. ─────────────────

La rangée ci-dessous a été lavée à l'eau commune, & échaudée à notre méthode ordinaire avant de le semer.

Tous les épis se sont trouvés bons dans cette rangée, à l'exception de trois épis de noir en fumée.

6me. ——————————————

Le bled de la rangée qui suit a été semé sans être lavé, mais a été échaudé à notre méthode ordinaire.

Dans cette rangée tous les épis se sont trouvés bons & bien sains, à l'exception de deux épis de noir en fumée.

7me. ——————————————

La rangée suivante a été aussi semée sans être lavée, & a été échaudée à notre méthode ordinaire.

Tous les épis de cette rangée se sont trouvés bons & bien sains.

8me. ——————————————

Le quatrieme Carré ci après, qui est aussi de huit rangées, est semé en entier de bled sain, pris dans la grange, & a été apprêté pour le semer, ainsi qu'il va être dit à chaque rangée : on verra à chacune ce qu'on a trouvé de remarquable.

Ce carré a été semé le 10 Octobre 1759.

Les lignes tirées sont les rangées de bled.

La rangée de bled ci-dessous a été barbouillée de poussiere de bled noir avant de le semer, & n'a point été lavé ni échaudé.

Dans cette rangée la moitié des épis s'est

trouvée être de bled noir, l'autre moitié des épis étoient bons & bien sains.

1re. ⸻

Le bled de la rangée ci-dessous a été aussi barbouillé de noir avant de le semer, & n'a point été ni lavé ni échaudé.

La moitié des épis étoit d'épis bons & bien sains, l'autre entierement de bled noir.

2me. ⸻

Le bled de la rangée ci-dessous n'a point été barbouillé de poussiere de bled noir, il a été échaudé avant de le semer, mais après qu'il a été semé dans le sillon, on y a semé par-dessus, avant de l'enterrer, de la poussiere le bled noir.

Dans cette rangée s'est trouvé environ deux tiers dont les épis sont bons & sains, les épis de l'autre tiers sont entierement de bled noir.

3me. ⸻

La rangée de bled qui suit a été semée comme celle ci dessus.

Il s'est aussi trouvé dans cette rangée environ deux tiers dont les épis sont bons, l'autre tiers est aussi entierement de bled noir.

4me. ⸻

Le bled de la rangée ci-dessous a été barbouillé avec de la poussiere de bled noir, &

avant de le semer il a été lavé & échaudé avec de l'eau de cendre.

Tous les épis de cette rangée se sont trouvés bons & bien sains, à l'exception de cinq épis qui se sont trouvés de noir en fumée.

5me. ———————————

La rangée de bled suivante a été aussi pratiquée comme celle ci dessus, le bled a été barbouillé de noir, & ensuite lavé & échaudé à l'eau de cendre.

Tous les épis sont bons, à l'exception de trois de noir en fumée.

2me. ———————————

Le bled de la rangée suivante a été barbouillé aussi avec de la poussiere de bled noir, & avant de le semer il a été échaudé à notre méthode ordinaire seulement.

Il s'est trouvé dans cette rangée environ un sixiéme de bled noir, & le surplus est bon; il s'est trouvé aussi six épis de noir en fumée.

3me. ———————————

La rangée de bled qui suit a été aussi barbouillée de noir, & avant de le semer il a été échaudé à notre méthode ordinaire.

Il s'est trouvé dans cette rangée au moins un sixiéme de bled noir, & sept épis de noir en fumée; le reste est bon & bien sain.

8me. ———————————

Le cinquieme carré, qui est de quatre rangées marquées ci-après, est aussi semé de bled bien sain, pris dans la grange, lequel a été pratiqué pour le semer, ainsi qu'il va être expliqué à chaque rangée : on verra aussi ce qu'on a trouvé de remarquable à chacune.

Ce carré a été semé le 20 Octobre 1759.

La rangée de bled suivante a été semée après avoir été barbouillé avec de la poussiere de bled noir, & n'a point été lavé ni échaudé.

Dans cette rangée il se trouve environ les deux tiers des épis qui sont bons, l'autre tiers est tout bled noir.

1re. ─────────────────────

Le bled de la rangée ci-dessous a été aussi barbouillé de poussiere de bled noir ; mais avant de le semer il a été lavé à l'eau commune, & après lavé & échaudé dans l'eau de cendre.

Tout les épis se sont trouvés bons & bien sains.

2me. ─────────────────────

Le bled de la rangée suivante a été aussi barbouillé de noir, & avant de le semer il a été échaudé à notre méthode ordinaire seulement.

Dans cette rangée il se trouve environ deux tiers dont les épis sont bons & bien fains, l'autre tiers eft entierement de bled noir.

3me.

Le bled de cette derniere rangée a été femé fans être barbouillé, ni lavé, ni échaudé, & tel qu'il eft venu de la grange.

Dans cette rangée il eft venu environ un dixieme de bled noir, le furplus des épis eft bon & bien fain.

4me.

LE SIXIEME Carré ci-deffous eft auffi de quatre rangées, lequel a été femé après avoir été accommodé, ainfi qu'on va le voir à chaque rangée, avec une note de ce qu'on a trouvé de remarquable à chacune.

Ce carré a été auffi femé le 20. Octobre 1759.

La rangée ci-deffous a été femée fans avoir lavé ni échaudé le bled.

Tous les épis en font bons & bien fains.

1re.

Le bled de la rangée fuivante a été, avant de le femer, lavé a l'eau commune ; & après lavé & échaudé dans l'eau de cendre.

Tous les épis en font bons & bien fains.

2me.

Le bled de la rangée fuivante a été, avant de le femer, lavé dans l'eau commune, & échaudé à notre méthode ordinaire.

Les épis de cette rangée se trouvent tous bons & bien sains.

3me.———————————

Le bled de la rangée ci dessous n'a point été lavé, mais il a été échaudé à notre méthode ordinaire avant de le semer.

Les épis de cette rangée sont tous bons & bien sains.

4me.———————————

On voit par ces détails qu'il est très nécessaire de bien laver le bled avant de l'échauder pour le nettoyer de la poussiere du bled noir, qui paroît gâter & corrompre le germe du bled le plus sain, & on doit s'y attacher encore davantage quand on en est entiché.

On croit aussi que ce noir en fumée, dont il est parlé dans quelques rangées, fait partie de la corruption du bled noir; mais en apportant le remede qu'il convient, il se trouvera entierement détruit.

Quelques-uns pourront dire, "ce sera „ bien de l'ouvrage & bien de l'embarras „ pour un Laboureur qui aura cent acres de „ bled à semer, à qui il faut au moins cent „ setiers de bled de semence. S'il faut qu'il „ fasse laver cent setiers de bled, il ne pourra „ jamais le faire comme il faut, il pourroit y „ avoir de la perte si le tems ne se trouvoit „ pas favorable pour le faire sécher, il pour-

,, roit même fe gâter ou s'échauffer, de forte
,, que le germe s'en trouvant éteint, la fe-
,, mence fe trouveroit manquée ,, : mais il
y a un moyen bien fimple, & je dis que
pour éviter ce grand ouvrage qui pourroit
être difficile à pratiquer comme il faut, il eft
au moins à propos qu'un Laboureur qui auroit cent acres de bled à femer, fe propofe
de nettoyer, laver & échauder dix ou douze
fetiers de bled qui lui femeront dix ou douze
acres de terre, ce qui lui fourniroit la femence en entier de l'année fuivante; & de
cette femence, qui affurément deviendroit
faine, en prendre encore l'année fuivante
dix ou douze fetiers que l'on accommoderoit
de la même maniere que les douze premiers,
& tous les ans continuer de même, on feroit
affuré par là de n'avoir jamais un feul épi de
bled noir. L'on propofe dix à douze fetiers
pour un Laboureur qui auroit cent acres de
terre à femer en bled; ce n'eft pas affurément
un fi grand ouvrage pour ne le pas faire avec
foin & avec exactitude; les autres qui ont
moins de terres en laveroient moins à proportion. Comme ce n'eft pas un travail fort
confidérable, je ne manquerai pas chaque
année de m'y livrer par l'expérience que j'ai
des bons effets qu'il a produits.

Toutes ces expériences ont été faites par un Laboureur intelligent du Vexin, qui en a formé le résumé ci dessus. Ce Mémoire est celui qu'il a envoyé, & que l'on a laissé subsister tel qu'il a été fait par ce Laboureur. On a cru ne devoir changer ni l'ordre qu'il présente de ses idées, ni celui qu'il a observé dans ses expériences ; on a même conservé ses propres expressions, afin que leur simplicité prouvât davantage la réalité de ces expériences & la confiance qu'elles méritent.

www.ingramcontent.com/pod-product-compliance
Lightning Source LLC
Chambersburg PA
CBHW020251170426
43202CB00008B/316